오늘도 화학

Original Japanese title:
YOMUDAKEDE MINITSUKU KAGAKUSENYAICHIYA MONOGATARI

식품부터 최첨단 기술까지,
75가지 화학 이야기

오늘도 화학

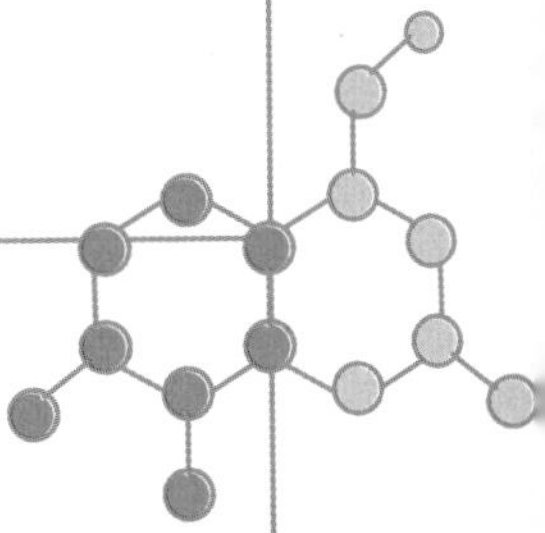

오타 히로미치 지음
정한뉘 옮김

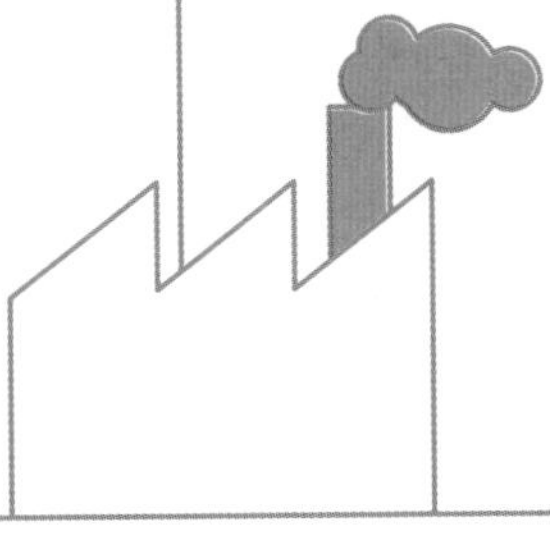

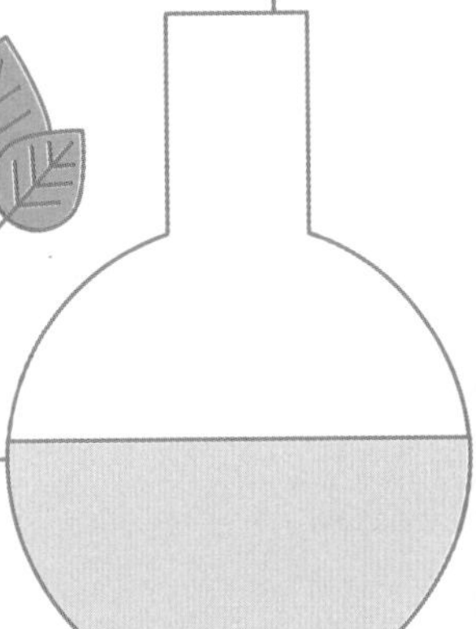

시프

'화학 물질'이라고 하면 더럽다, 위험하다, 기분 나쁜 냄새가 난다며 안 좋게 보는 사람도 많습니다. 예전에 올리브유를 주제로 한 강연에서 고급 올리브유는 좋은 향이 나지만, 저렴한 올리브유는 화학 물질 냄새가 난다는 말을 듣고 '화학 물질이 그런 이미지라니' 하고 실망한 적이 있습니다. 사실 고급이든 저렴하든 똑같이 화학 물질 냄새가 납니다. 유기농은 쉽게 말하면 화학 비료를 쓰지 않고 농작물을 키우는 방식입니다. 그런데 식물이 영양분으로 흡수하는 물질은 암모늄염 또는 질산염이고, 유기농 비료도 땅속 미생물의 분해 작용으로 화학 비료와 같은 성분으로 바뀌고 나서야 식물의 영양이 됩니다. 이러한 사실을 알고 있으면, 이미지만으로 화학 비료를 나쁘게 취급할 수 없습니다.

우리가 일상에서 이용하는 화학 물질은 셀 수 없이 많습니다. 실제로 지구상에 존재하는 물질, 땅속에 있는 물질, 우주에 있는 모든 물질이 화학 물질입니다. 우리 주변에서 쉽게 찾아볼 수 있는 물,

휘발유, 등유 등은 비교적 구조가 간단한 화학 물질입니다. 매일 먹는 밥, 생선, 고기, 채소는 물론 우리의 몸도 수많은 화학 물질로 이루어져 있습니다. 이 물질들이 몸속에서 정밀하게 제어된 화학 반응을 일으킴으로써 우리 몸은 하나의 시스템으로 작동합니다.

화학 물질 중에서도 천연물은 좋고 공장에서 만든 물질은 나쁘다고 생각하는 사람도 적지 않습니다. 하지만 거의 모든 의약품을 공장에서 만들며 자동차와 비행기의 좌석 및 내부 설비도 기원을 거슬러 올라가면 대부분 석유로 만든 물건입니다. 합성섬유라는 이유로 폴리에스터나 나일론 원단이 싫다는 사람도 있습니다. 울과 실크 같은 고급 소재가 착용감이 좋을지 몰라도 책에서 할 이야기와는 결이 다릅니다. 1995년 일본의 옴진리교가 도쿄 지하철에서 살포한 사린 가스는 인공적으로 합성한 맹독이지만, 복어 독은 테트로도톡신이라는 이름의 천연 맹독입니다. 병원균의 독소도 천연물이지요. 그러므로 사람에게 유익한지 위험한지는 공장에서 만들었는지 천연에서 유래했는지가 아니라 화합물 자체의 성질에 따라 판단해야 합니다.

이처럼 화학과 화학 물질을 조금이라도 이해하면 지금까지와는 다른 시선으로 세상을 바라볼 수 있을지도 모릅니다. 이 책에서는 꼭 알아야 할 기초 지식을 제1장과 제2장에서 배운 다음, 우리 주변의 물질을 사례로 다양한 관점에서 바라본 화학과 화학 물질을 소개합니다. 앞에서부터 내용을 차곡차곡 쌓아야 다음 내용을 이해할 수 있는 형식이 아니므로 흥미 있는 부분부터 매일 가볍게 읽어 주시기를 바랍니다.

저는 나가사키현립대학에 근무하면서 문과 학생들을 대상으로 15주 동안 화학을 가르쳤습니다. 그리고 그 강의 내용을 바탕으로 2021년 3월부터 2년에 걸쳐 〈나가사키 신문〉에 화학 칼럼을 연재했습니다. 이 책은 칼럼 원고를 보충해서 설명하는 한편 새 항목도 더했습니다. '제14장 첨단 기술과 화학'은 도쿄공업대학 화학생명과학연구소의 야마모토 기미히사 교수님께서, 제12장의 '60 반딧불이는 왜 빛날까?'와 '61 빛나는 생물'은 가나가와대학 명예교수이신 마쓰모토 마사카쓰 박사님께서 집필해주셨습니다. 이 책을 쓰는 데 도움 주신 모든 분께 깊이 감사드립니다.

오타 히로미치

제3장 특이한 화합물

제4장 화학 구조와 성질

제5장 생명을 지탱하는 자연

제6장 생명체를 이루는 화합물

제7장 천연물에서 공장 생산으로

제8장 플라스틱

제9장 생명의 힘을 이용한 생산 과정

제10장 무기 화합물

제13장 생명 유지와 활동

제14장 첨단 기술과 화학

일러두기

이 책에는 두 종류의 주석이 들어갑니다.

✦ 표시는 저자의 주석이며 * 표시는 옮긴이의 주석입니다.

제1장

기본 중의 기본

01

화학의 '화'

Keyword 연금술 chemistry 화학 alchemy 화학신서

화학은 물리학, 생명과학, 지구과학과 함께 고등학교 과학 과목으로 분류된 학문입니다. 화학만 다른 학문과 다른 점이 한 가지 있는데, 과연 무엇일까요? '(과)학'이라는 글자를 빼고 앞 글자만 보면 알 수 있습니다. '물리, 생명, 지구, 화'를 놓고 보면 '화'만 의미가 온전한 말이 아닙니다. 지구는 종종 '지'만 따로 떼서 토지, 지면, 대지 등 다른 한자와 조합하거나 '이 지구에 발을 붙이고'처럼 그 자체로도 뜻이 통하는 단어입니다. 하지만 '화化'라는 글자 자체는 아무런 뜻이 없지요. "나는 물리가 좋아"라고는 할 수 있어도 "나는 화가 싫어"라고는 하지 않으니까요. 말로만 들으면 그림을 그리는 화가가 싫다는 말처럼 들리기도 합니다.

사전을 펼쳐 '물리'를 찾아보면, 물리학에 관한 설명이 나옵니다. 하지만 사전에 등재된 '화'는 "화하다의 어근" 또는 "'그렇게 만들거나 됨'의 뜻을 더하는 접미사"라는 설명처럼 '성질·상태를 바꾸다(-가 바뀌다)'라는 의미의 명사를 만드는 파생어입니다(미화, 기계화, 자유화 등). 다

시 말해 '화'는 명사로 쓸 수 없고, '바꾸다', '바뀌다'라는 움직임을 나타낼 때 쓰는 글자입니다. 이 글자를 동사로 활용한 '화하다'는 '바뀌다', '변하다', '대신하다', '교체하다' 등의 표현보다 변화의 폭이 클 때, 그리고 원래와 전혀 다르게 변할 때 쓰는 말입니다.

일본에서는 인간이 본디 모습에서 벗어나 괴물로 변한 것을 '오바케お化け'라고 합니다. 얼마나 많이 변할 때 '화'를 쓰는지 아시겠나요? 바뀌기 전의 모습을 알아볼 수 없을 만큼 많이 변할 때 쓰는 말이랍니다.

나중에 자세히 다루겠지만, 화학 반응으로 어떠한 변화가 생기면 '결합한 원소와 원소의 조합'이 달라집니다. 석유가 연소하면 탄소(C)−탄소(C) 결합과 탄소(C)−수소(H) 결합이 전부 탄소(C)−산소(O), 수소(H)−산소(O) 결합으로 바뀝니다. 다들 아시는 이산화탄소(CO_2)와 물(H_2O)이 만들어졌다는 말이지요.

애벌레가 번데기로 변했다가 어느 날 갑자기 나비가 되어 날아가는 현상 역시 화학 반응의 산물입니다. 전혀 다르게 생긴 생물로 변화했으니까요. 원래 애벌레(유충) 안에 있던 화학 물질의 원소와 원소의 조합이 변화해서 나비(성충)로 바뀐 거예요. 다양한 화학 변화를 겪으면서 탈바꿈했는데도 새로운 물질이 중간에 들어가지도 않고 노폐물도 거의 만들어지지 않았다니 감탄할 따름이지요. 화학은 이러한 변화가 왜 일어나는지, 어떻게 일어나는지, 이 물질은 어디서부터 출발해서 만들어졌는지 등 상태 또는 물질의 변화가 중요하기 때문에 명사로 쓰이지 않는 '화'가 붙지 않았을까요?

서양에는 기원전부터 **연금술**이라는 학문이 있었습니다. 간단히 말하면 납이나 흑연처럼 흔한 금속을 금 같은 귀금속으로 바꾸려는 시도지요. 과학적으로는 잘못된 사고방식이지만, 역사적으로는 진정한 과학인 화학이 연금술에서 태어났다고 할 수 있습니다. 연금술이 근대 과학에 이바지한 바가 큰 만큼, 영어 **chemistry**(화학)가 **alchemy**(연금술)에서 유래했다는 말에도 고개가 끄덕여집니다. '화학化學'이라는 단어는 중국에서 출판된 책에 처음 등장했는데, 일본 막부 말기의 학자 가와모토 고민川本幸民이 1861년에 이를 번역해서 출판할 때 제목을 《**화학신서**》로 옮긴 데서 유래했다고 합니다.

곤충의 변태

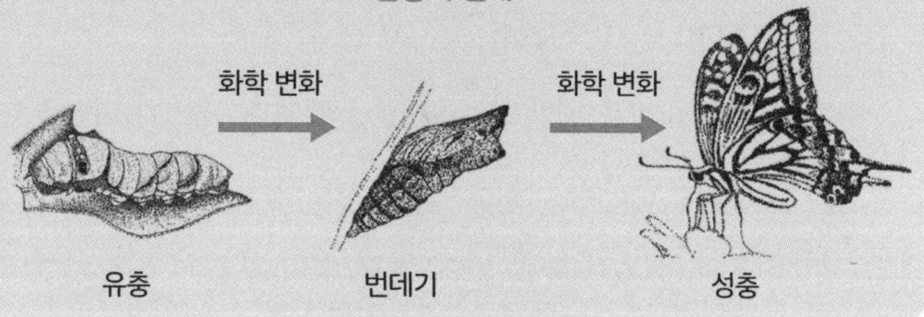

02 우주를 구성하는 세 종류의 입자

Keyword 분자 원자 양성자 전자 중성자 이온 동위원소 원소

보통 우리가 보는 것들은 대체로 **분자**라는 물질의 집합체입니다. 사람, 개, 나무, 꽃, 옷, 자동차 모두 여러 종류의 분자가 모인 집합체지요. 그리고 한 종류의 분자로만 이루어진 물질도 있습니다. 우리 주변에서 볼 수 있는 물이나 드라이아이스(고체 상태의 이산화탄소)가 그렇습니다. 산소와 질소 역시 단일 분자입니다. 이 분자라는 물질은 몇 종류나 있을까요? 지금까지 알아낸 분자만 해도 최소 1억 개가 넘는다고 하니 사실상 무한하다고 봐도 무방합니다.

그렇다면 분자는 무엇일까요? 바로 **원자**라는 입자가 화학적으로 결합한 물질입니다. 물과 드라이아이스는 두 종류의 원자가 결합한 물질이고, 산소와 질소는 같은 원자 2개가 결합한 물질입니다. 이러한 원자는 몇 종류일까요? 자연에 존재하는 원자도 있고, 가속기라는 대형 장치에서만 만들 수 있고 수명이 짧은 원자도 있기에 전부 몇 종류인지 명쾌하게 말하기는 힘듭니다. 자연에 존재하는 원소만 따졌을 때, 원자력 발전에 쓰이는 우라늄(U)을 포함하면 92종, 광석에 극미량 들

어 있는 플루토늄(Pu)까지 세면 94종입니다.

원자끼리의 조합은 무궁무진하므로 원자가 얼마나 연결되느냐에 따라 분자 수는 계속 늘어납니다. 특히 탄소(C)는 탄소끼리 수없이 연결될 수 있어서 탄소가 포함된 분자는 상당히 많습니다. 이러한 분자가 모여 우리의 몸을 이루고, 음식도 옷도 됩니다. 집이나 자동차도 여러 종류의 분자로 만들어졌으며 밤하늘에 반짝이는 별도 분자와 원자로 만들어졌습니다. 그러니까 우주는 원자로 이루어진 셈이지요. 하지만 이 원자도 제목에 쓴 세 종류보다 훨씬 많으니 수수께끼를 더 풀어봐야겠군요.

사실 원자는 더 간단한 입자가 모인 집합체입니다. 그 입자는 **양성자**, **전자**, **중성자** 세 종류를 가리키지요. 이 입자들이 여러 개 모여 원자를 구성하는데, 몇 개가 모였느냐에 따라 원자의 종류가 달라지므로 세 종류의 입자로 원자를 수없이 만들어낼 수 있는 셈입니다. 드디어 우주를 구성하는 물질이 세 종류의 입자라는 제목의 수수께끼가 풀렸네요.

양성자와 전자는 전하(전기의 양)를 가지고 있습니다. 양성자는 +1가, 전자는 −1가입니다. 반면 중성자는 전하가 없습니다. 원자는 전기적으로 중성이며 양성자 수와 전자 수가 같습니다. 양성자와 전자의 수가 다르면 전기적으로 중성이 아니게 되는데, 이러한 입자를 **이온**이라고 합니다. 양성자보다 전자가 적으면 **양이온**, 많으면 **음이온**입니다. 원자는 대부분 중성자 수와 양성자 수가 같지만, 다른 원자도 종종 있습니다. 양성자 수는 같은데 중성자 수가 다른 원자를 **동위원소**라고 합니다. 동위원소끼리 원자의 질량은 다르지만, 화학적 성질은 같습니다.

어떤 원자인지는 양성자의 수로 정해집니다. 가장 간단한 원자인 수소 원자(H)는 양성자 1개와 전자 1개로 이루어졌습니다. 그러나 중성자가 있는 수소도 자연계에 1% 정도는 존재하는데, 이를 중수소 Deuterium(^{2}H)라고 합니다.

이처럼 세 종류의 입자가 모인 입자를 원자라고 하지만, 입자의 화학적 성질에 초점을 맞출 때는 원자가 아닌 **원소**라고 합니다. 원소의 화학적 성질은 전자의 수에 따라 다르며 법칙성이 존재합니다. 어떻게 그럴 수 있을까요? 그 이유는 뒤에서 배우기로 해요(04, 05 참조).

원자는 세 종류의 입자로 구성되고, 분자는 여러 원자의 조합으로 구성된다

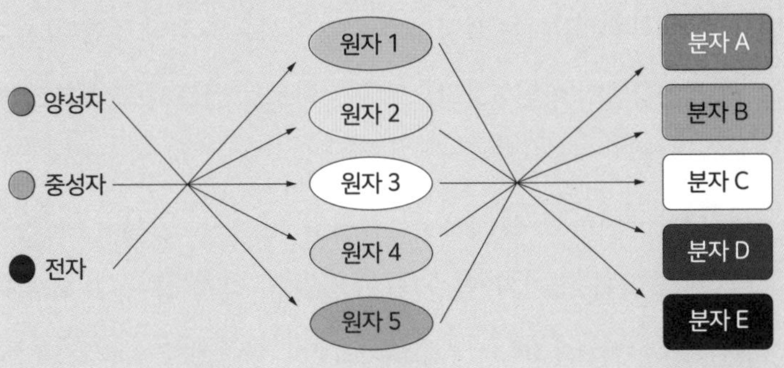

03

원자의 구조, 크기, 질량

Keyword 원자핵 원자량 아보가드로수 원자핵의 크기 원자의 질량과 크기

앞에서 원자가 세 종류의 입자로 이루어져 있다는 내용을 배웠지요. 그렇다면 원자는 어떤 구조일까요? 다음의 개념도를 볼까요. 헬륨(He)이라는 원자의 구조를 나타낸 그림인데, 기본적으로는 다른 원자들도 마찬가지입니다. 중심에 모여 있는 양성자와 중성자의 집합체를 **원자핵**이라고 하며, 그 주위를 전자가 돌고 있는 형태가 원자의 기본 구조입니다. 전자가 태양계처럼 정해진 궤도를 돈다기보다 대체로 원자핵 주변을 돌아다니고 있다는 설명이 진실에 가까운 묘사일 듯합니다. 그리고 궤도는 평면이 아닌 3차원으로 확장하므로 반드시 구 형태가 되지는 않습니다.

원자를 구성하는 세 종류의 입자인 양성자, 중성자, 전자에는 고유한 질량과 크기가 있습니다. 질량은 각각 양성자: 1.673×10^{-24}g(1.673g의 1억분의 1의 1억분의 1의 1억분의 1), 중성자: 1.675×10^{-24}g, 전자: 9.109×10^{-28}g입니다. 매우 작은 수치이지만, 양성자와 중성자의 질량이 거의 같고 전자의 질량은 둘의 1/1800임을 알 수 있습니다. 따

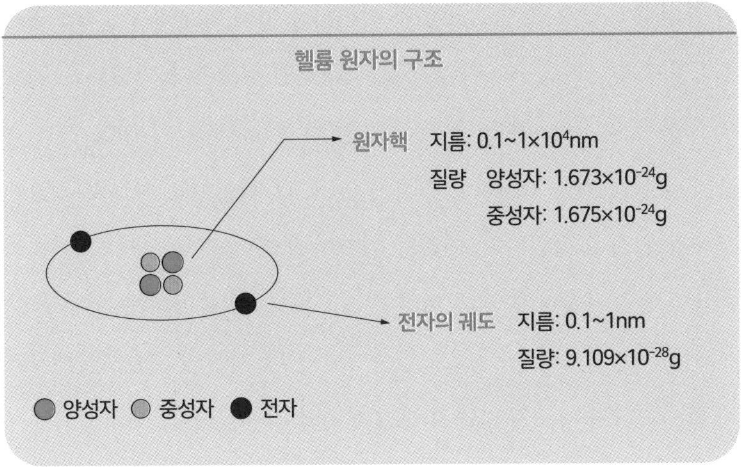

라서 어떤 원자가 6×10^{23}개 모인 질량은 그 원자의 양성자와 중성자를 합친 수에 그램(g)을 붙인 값과 거의 비슷하며, 이 값을 **원자량**이라고 합니다. 6×10^{23}은 **아보가드로수**라고 하며 화학에서 중요한 숫자입니다. 참고로 일본화학회는 10^{23}이라는 숫자에서 따와 10월 23일을 화학의 날로 제정했습니다(10월 23일은 전 세계 과학자들이 기념하는 '몰의 날Mole Day'이기도 하다_옮긴이).

다음으로 크기를 볼까요? 원자의 중심인 **원자핵의 크기**는 당연히 원자마다 다르지만, 구에 가까운 형태이며 $0.1\sim1\times10^{-4}$nm입니다. nm(나노미터)는 길이의 단위로, 10^{-9}m, 즉 1m의 1천분의 1의 1천분의 1의 1천분의 1입니다. 원자핵의 지름은 아무리 길어도 머리카락 두께의 약 10억분의 1에 불과합니다. 전자가 돌아다니는 궤도를 간단하게 나타내기 위해 구형으로 가정하면 구의 지름은 0.1~1nm입니다. 하지만 좀처럼 와닿지 않지요. 또렷한 이미지를 위해 확대해서 생각해볼까요? 원자핵을 지름 1cm짜리 구로 확대하면 전자가 돌아다니는 궤도의 지름은 약 100m가 됩니다. 정말 엄청나네요! 지름이 100m인 구형 용기 중심에 지름 1cm짜리 가루가 있고, 그 사이에는 아무것도 없는 형태가 원자 모형입니다. 이러한 입자가 모여 우리가 실제로 보는 물체들이 만들어집니다. 고층 빌딩도 철교도, 그 위를 달리는 열차도 모두 마찬가지입니다. 아무것도 없는 공간인데 어떻게 흐물흐물해지거나 꺾이거나 무너지지 않는지 정말 신기할 따름입니다.

마지막으로 **원자의 질량과 크기**를 한눈에 볼 수 있게 정리해볼까요. 일본의 1엔 동전은 거의 순수한 알루미늄(Al)이며 질량은 1g, 지름은 2cm, 두께는 평평하지 않지만 약 1.5mm입니다. 알루미늄의 원자량이 27이므로 1엔 동전을 27개 모으면 알루미늄 원자는 6×10^{23}개가 됩니다. 반대로 1엔 동전 하나에는 알루미늄 원자가 약 2.22×10^{22}개 있는 셈이지요.

04 수헬리베붕탄질산

Keyword 원소 드미트리 멘델레예프 주기율표

원자는 질량과 크기를 중점으로 볼 때 사용하는 명칭이고, 화학적인 성질에 초점을 맞출 때는 **원소**라고 합니다. 러시아의 화학자 **드미트리 멘델레예프**Dmitrii Mendeleev는 원소를 질량 순으로 나열했을 때 화학적 성질이 유사한 원소가 일정 주기로 나타난다는 흥미로운 사실을 발견했습니다(a, 1869년). 그리고 이를 바탕으로 성질이 유사한 원소들을 세로로 배치했습니다(b). 그런데 이런 식으로 단순히 나열하면 맞지 않는 부분이 군데군데 생깁니다. 멘델레예프가 대단한 이유는 주기성에 관한 생각 자체를 포기하는 대신 원래 이 위치를 차지하는 원소가 존재하지만, 아직 발견되지 않았을 뿐이라고 생각해서 배열을 수정했기 때문입니다(c, X표는 당시 발견되지 않은 원소). 주기성을 가정한 표이므로 빠진 부분에 해당하는 원소의 대략적인 성질도 예측할 수 있었습니다.

드미트리 멘델레예프
(1834~1907)

멘델레예프가 발견한 원소의 주기성

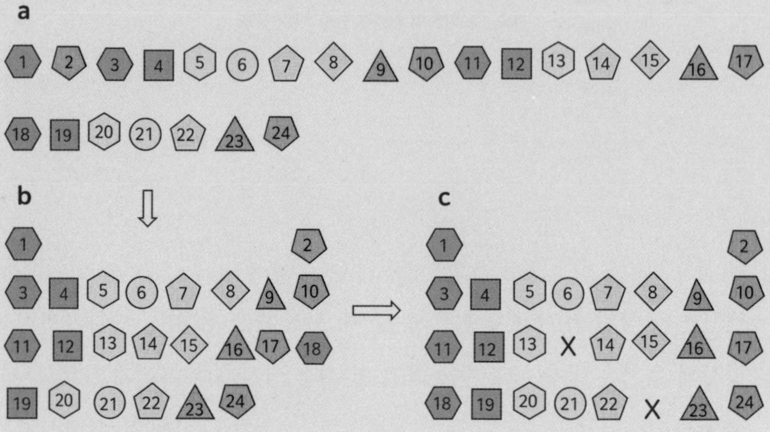

이러한 멘델레예프의 생각을 두고 다른 화학자들의 반응은 언제나 그렇듯 둘로 나뉘었습니다. 한쪽은 멘델레예프가 옳다, 빠진 원소는 내가 발견하겠다고 생각했고 다른 한쪽은 멘델레예프가 틀렸다고 생각했습니다. 전자는 있을지 없을지도 모르는 원소를 찾기로 한 셈이지요. 목표가 존재하지 않을지도 모르는 위험성이 뒤따르지만, 운 좋게 경쟁자를 이기면 새로운 원소의 발견자라는 영예를 거머쥘 수 있지요. 결과적으로는 공백을 메우는 원소가 발견되었고, 멘델레예프의 생각이 옳았음이 증명되면서 오늘날과 같은 **주기율표**의 토대가 마련되었습니다.

질량 순으로 원소를 나열하면 수소, 헬륨, 리튬, 베릴륨, 붕소, 탄소, 질소, 산소, 플루오린, 네온, 소듐, 마그네슘, 알루미늄, 규소, 인, 황, 염소, 아르곤…… 순입니다. 원소 기호로 나타내면 H, He, Li, Be, B, C, N, O, F, Ne, Na, Mg, Al, Si, P, S, Cl, Ar이지요. 앞 글자만 따면 '수헬리베붕탄질산플네나마알규인황염아'가 됩니다. 여러분이 아는 노랫말에 붙여보면 더 머릿속에 잘 들어오지 않을까요? 아래에 소개한 주기율표 일부를 보면 같은 열에 있는 원소들은 성질이 비슷함을 알 수 있습니다(예: Li와 Na, F와 Cl). '어떻게?'라는 중요한 질문의 대답은 다음 내용을 기대해주세요.

원소 주기율표

H							He
Li	Be	B	C	N	O	F	Ne
Na	Mg	Al	Si	P	S	Cl	Ar

04

마법의 숫자 8

Keyword 전자 궤도 최외각 전자 수 비활성 기체

이제 원소의 화학적 성질에 주목해서 주기성의 비밀을 알아봅시다. 원자 중심에 있는 원자핵 주위를 양성자와 같은 수의 **전자**가 돌아다니는 형태가 원자의 구조라고 앞에서 소개했지요. 전자는 불규칙적으로 돌아다니지 않고 대체로 원자 주변이라고 볼 수 있는 **궤도**를 따라 움직입니다. 이 궤도는 안쪽부터 바깥쪽을 향해 수 겹에 걸쳐 커지며, 한 층의 궤도에 들어갈 수 있는 전자의 수가 정해져 있습니다. 1층은 전자가 2개 들어가면 채워지고, 2층과 3층에는 각각 전자 8개가 들어갑니다.✦ 전자가 8개 채워지면 그 이상 들어갈 수 없고, 매우 안정된 상태가 된 원자는 전자를 내보내려고 하지도 않습니다.

안쪽 궤도가 가득 찬 뒤에야 바깥 궤도에 전자가 채워지므로, 불

✦ 사실 전자 8개가 들어가는 궤도는 두 종류로 나뉩니다. 그리고 3층부터는 전자가 8개 이상 들어가는 궤도도 존재합니다. 하지만 8개만으로 설명을 일단락 지을 수 있는 데다 더 깊은 지식이 없어도 이 책의 내용을 이해할 수 있으므로, 혼동을 피하고자 3층도 최대 전자 개수가 8개라고 설명했습니다.

원소의 층별 전자 수

		전자 궤도		
원소	원소 기호	1층	2층	3층
수소	H	1		
헬륨	He	2		
리튬	Li	2	1	
베릴륨	Be	2	2	
붕소	B	2	3	
탄소	C	2	4	
질소	N	2	5	
산소	O	2	6	
플루오린	F	2	7	
네온	Ne	2	8	
소듐	Na	2	8	1
마그네슘	Mg	2	8	2
알루미늄	Al	2	8	3
규소	Si	2	8	4
인	P	2	8	5
황	S	2	8	6
염소	Cl	2	8	7
아르곤	Ar	2	8	8

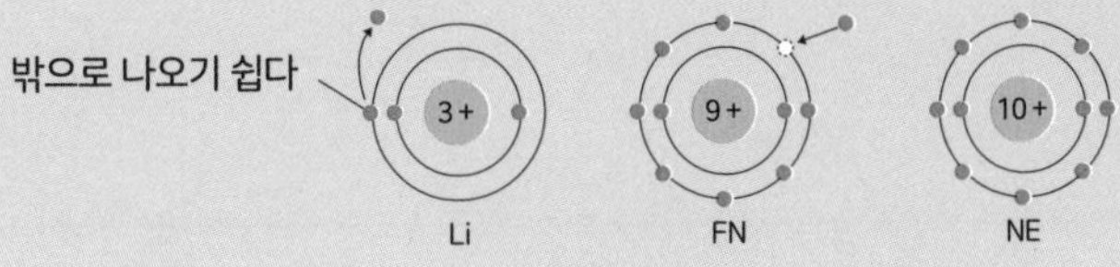

안정한 층은 가장 바깥쪽(최외각)뿐입니다. 그리고 원자는 이 궤도에 전자를 8개 채우기 위해 다른 원자와 결합하거나 전자를 주고받습니다. 즉, 다른 원자와 반응합니다. 최외각 전자 수를 8개로 만든다는 가장 중요한 법칙에 따라 **최외각 전자 수**로 원소의 화학적 성질(반응성)이 정해집니다. 최외각 전자 수가 같으면 당연히 화학적 성질도 안쪽 궤도의 전자 수와 상관없이 같습니다. 가령 최외각 전자가 1개뿐이라면 원자는 이 전자 1개를 '다른 원자에게 주자!' 하고 움직이므로, 이러한 원자인 리튬(Li)과 소듐(Na)은 성질이 같습니다. 그리고 전자 7개를 가진 원자는 '다른 원자에게 1개 받고 싶어' 하므로 플루오린(F)과 염소(Cl)의 반응성은 비슷합니다. 헬륨(He), 네온(Ne), 아르곤(Ar)은 가장 바깥층의 궤도가 모두 채워진 원자인데, 상태가 가장 안정적이므로 다른 원자와 전자를 주고받지 않습니다. 반응하지 않는다는 말이지요. 이 원자들을 **비활성 기체**라고 부르는 이유는 이 때문입니다. 이처럼 궤도의 각 층에 들어가는 전자 수는 정해져 있고 원소의 화학적 성질은 최외각 전자 수로 결정되므로 원자를 질량 순으로 나열하면 주기성을 알 수 있습니다. 이를 한눈에 알 수 있도록 나타낸 것이 앞에서 소개한 주기율표입니다.

아보가드로수

1811년, 이탈리아의 과학자 아메데오 아보가드로Amedeo Avogadro는 온도와 압력이 같을 때 일정 부피의 기체에 들어 있는 분자 또는 원자의 수는 종류와 상관없이 일정하다는 사실을 발견했습니다. 아보가드로수는 이러한 발견에 따라 붙여진 이름으로, 1mol(몰, 물질을 이루는 입자의 수를 나타내는 단위_옮긴이) 혹은 기체라면 0℃, 1기압일 때 22.4L 안에 들어 있는 분자 또는 원자의 수인 6.022 $\times 10^{23}$입니다.

화학 물질이 서로 반응할 때는 분자 1개와 1개, 2개와 3개처럼 정수 비례로 반응하므로 입자 수를 셀 때 mol을 단위로 사용하면 굉장히 편리합니다. 예를 들어 수소(H)와 산소(O)라면 각각 2mol과 1mol이 반응해서 물(H_2O)이 2mol 만들어집니다. 화학에서 굉장히 중요한 수인 만큼 일본에서는 일본화학회, 화학공학회, 일본화학공업협회, 신화학기술추진협회 네 단체가 매년 10월 23일을 화학의 날로 제정해서 다양한 행사를 열고 있지요.

그렇다면 아보가드로수는 어떻게 정해졌을까요? 가장 오차가 적은 방법은 X선을 이용하는 방법입니다. 결정 상태인 물질 내 원자 사이의 거리(격자 상수)를 X선으로 정확하게 측정할 수 있습니다. 그리고 가능한 한 순도 높은 결정을 사용하면 격자 상수, 질량, 부피를 통해 아보가드로수를 계산할 수 있습니다. 가장 순도 높은 결정을 얻을 수 있는 물질은 실리콘입니다. 결정 구조로 이루어진 규소(Si) 수지이며 반도체에 쓰이는 만큼 정제법이 매우 발달한 물질이기도 합니다. 주기율표에서는 탄소 아래 칸에 있는 원소로, 탄소와 마찬가지로 다이아몬드 형태의 결정(21 참조)을 이루고 있습니다.

제2장

화학 물질의 구조와 결합 에너지

06

사이좋은 둘, 화학 구조 첫 번째

Keyword
옥텟 규칙 이온 결합 염 비공유 전자쌍 단일 결합
이중 결합 삼중 결합 화학 결합 공유 결합

최외각 전자 수가 8개가 아닌 원자는 전자 수를 8개로 맞추기 위해 다른 원자와 결합합니다. 이러한 법칙을 8을 뜻하는 그리스어 '옥타Octa'에서 따와 **옥텟 규칙**Octet rule이라고 합니다.

부족한 전자 수가 1, 2개인 원자는 결합할 원자와 서로 전자를 주고받으면서 최외각 전자 수를 8개로 만듭니다. 이 경우 전자를 준 쪽은 원자일 때보다 전자(e−)가 부족해져 양이온이 되고, 반대로 전자를 받은 쪽은 전자가 1개 남아 음이온이 됩니다. 그러나 최외각 궤도에 전자 8개가 채워지면 상태가 안정됩니다. 29쪽의 표로도 알 수 있다시피 **소듐**(Na)은 3층 궤도에 전자를 1개 가지고 있고, 이 전자가 없으면 최외각 전자 수는 8개가 됩니다. 한편 **염소**(Cl)는 3층 궤도에 전자를 7개 가지고 있으므로 1개만 있으면 전자 8개가 채워져 안정됩니다. 따라서 소듐과 염소가 만나면 소듐은 염소에 전자 1개를 주어 양이온이 되고, 전자를 받은 염소는 음이온이 됩니다. 각각 양이온, 음이온이 된 둘은 정전기적 인력으로 서로를 끌어당겨 안정적인 쌍을 이룹니다. 이 결합

염화소듐의 이온 결합

을 **이온 결합**이라고 하며, 만들어진 물질을 **염**Salt이라고 합니다. 평소 우리가 '소금'이라고 부르는 물질은 사실 염의 일종이지요.

서로 전자를 공유해서 안정적인 상태가 되는 물질도 많습니다. 가장 간단한 분자는 수소 분자(H_2)입니다. 수소 원자(H)는 전자를 1개 가지고 있습니다. 수소는 1층 궤도에 전자 2개가 들어가면 안정되므로 수소 원자 2개가 가까이 붙어 서로 전자를 1개씩 내줌으로써 1층 궤도를 공유하고, 이 궤도가 전자 2개로 채워지면 두 원자 모두 전자를 2개 가지고 있는 것과 같은 상태가 되어 안정적인 분자가 됩니다. 원자 2개가 따로따로 존재하는 대신 안정적인 상태로 수렴하는 셈이지요.

질소(N)는 어떨까요. 질소는 최외각 궤도에 전자를 5개 가지고 있으므로 3개가 더 필요합니다. 따라서 질소 원자 2개가 각각의 전자를 3개씩 공유하면 두 원자 모두 전자 8개를 가지게 되어 안정적인 상태(N_2)가 됩니다. 36쪽 그림에서 보다시피 각 질소 원자에는 결합에 관여하지 않는 전자가 한 쌍 있습니다. 이 전자를 **비공유 전자쌍**이라고 합니다.

화학 구조를 그릴 때는 공유하는 전자 한 쌍을 선 하나로 표현합니다. 따라서 H와 H를 연결하는 선은 1개, N과 N을 연결하는 선은 3개입니다. 선이 하나면 **단일 결합**, 선이 2개면 **이중 결합**, 3개면 **삼중 결합**이라고 합니다.

일반적인 화학 반응에는 원자끼리 결합해서 분자를 만드는 반응 외에도 분자끼리 결합할 상대를 바꾸어 새로운 분자를 만드는 반응도 있습니다. 이때도 수소를 제외하면 원소 1개 주위에는 항상 전자 8개가 존재하도록 반응이 일어납니다. 결합 반응이 일어날 때 반응에 참여하는 물질(반응물)보다 반응을 통해 만들어지는 물질(생성물)이 안정적인 상태가 되는 경향이 있습니다. 더 튼튼한 **화학 결합**이 만들어졌다고 할 수도 있겠군요.

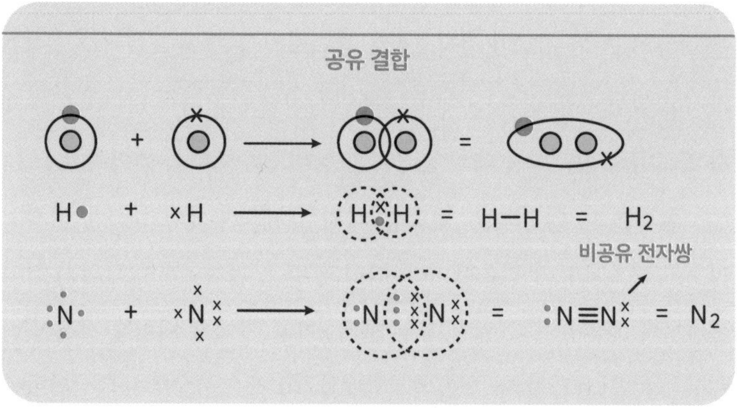

07 전자를 공유하는 원자, 화학 구조 두 번째

Keyword

메테인 에테인 에틸렌 아세틸렌

서로 다른 원자가 결합해서 분자를 만드는 경우를 생각해볼까요? 물(H_2O)은 산소(O)와 수소(H)로 이루어진 분자입니다. 산소는 최외각 궤도에 전자를 6개 가지고 있으므로 2개만 더 있으면 안정됩니다. 수소 원자는 전자가 하나밖에 없으므로 다른 원자와 전자를 공유할 때도 당연히 1개밖에 줄 수 없습니다. 따라서 산소가 수소 원자 2개와 결합해서 각각 1개씩 전자를 공유하면 모든 원자가 안정됩니다. 산소가 수소 원자 1개와 결합해서 전자 8개를 채우거나, 반대로 욕심을 부려서 수소 원자 3개와 결합할 수는 없습니다. 수소 원자와 산소 원자는 반드시 2:1 비율로 결합합니다. 다른 원자 역시 특성이 정해져 있으므로 각각 결합에 관여하는 원자 수는 바뀌지 않습니다. 여러 종류의 원자가 모

물의 화학 구조

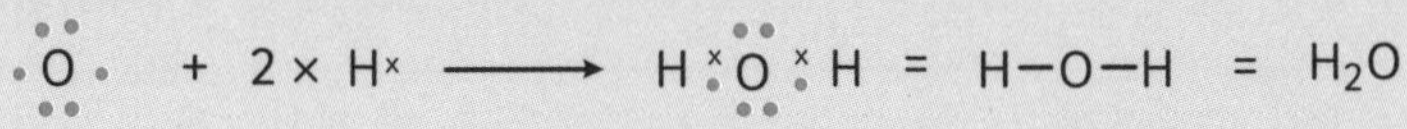

여 하나의 분자를 형성할 때도 마찬가지입니다.

최외각 전자를 8개의 절반인 4개 가지고 있는 탄소(C) 화합물은 어떨까요? 전자 4개가 더 필요한 탄소 원자들이 전부 수소 원자와 전자를 공유한다면 수소 원자 4개와 결합할 수 있습니다. 이렇게 만들어진 화합물이 바로 가스난로에 쓰이는 천연가스의 주성분, **메테인**(CH_4)입니다.

메테인의 화학 구조

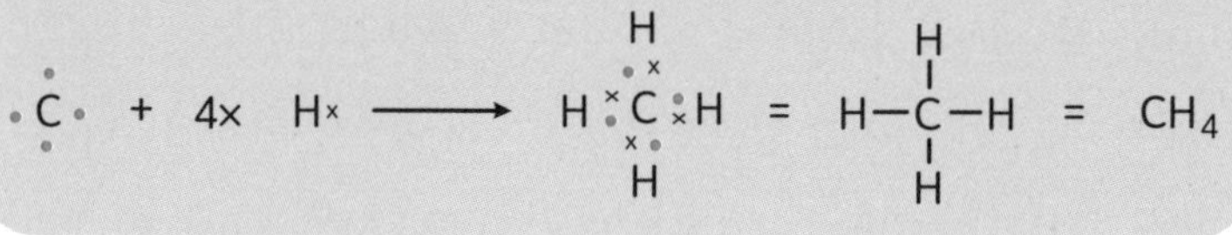

탄소끼리도 안정적인 결합을 만들 수 있습니다. 탄소 원자끼리 전자를 1개씩 내줘서 C–C 결합을 만들고, **옥텟 규칙**을 만족하기 위해 남은 부분에 수소 원자 3개와 결합하면 **에테인**(C_2H_6)이 만들어집니다. 전자 3개 중 1개가 다른 탄소와 결합하고, 남은 전자 2개가 수소와 결합할 수도 있습니다. 그러면 $-CH_2-$가 연이은 형태가 되는데, 이것이 바로 나중에 소개할 석유나 지방산의 골격 구조입니다. 여러 원자를 연결할 수 있다는 점이 탄소의 특징입니다.

탄소 원자 2개가 전자를 2개씩 내주어 결합을 만들 수도 있습니다. 이때 두 탄소는 이중 결합을 합니다. 한쪽 탄소만 놓고 보면 최외각 전자 수가 6개이므로 수소 2개와 결합했을 때 전자 8개가 채워져 안정됩니다. 이렇게 만들어진 분자를 **에틸렌**(C_2H_4, 정식 명칭은 에텐)이라고 하며, 석유 화학 공업의 중요한 원료 중 하나입니다. 탄소 원자 2개가 전자를 각각 3개씩 공유하면 삼중 결합이 만들어집니다. 그리고 남은 전자 1개를 수소와 공유하면 안정적인 분자가 됩니다. 이 화합물은 **아세틸렌**(C_2H_2, 정식 명칭은 에타인)으로, 철을 용접할 때 쓰입니다. 지금까지 설명한 탄소와 수소로 이루어진 화학 물질들을 정리한 아래 구조식들을 보면 모든 탄소 주위에 전자가 8개 있다는 사실을 알 수 있습니다.

탄소와 수소로 구성된 화학 물질

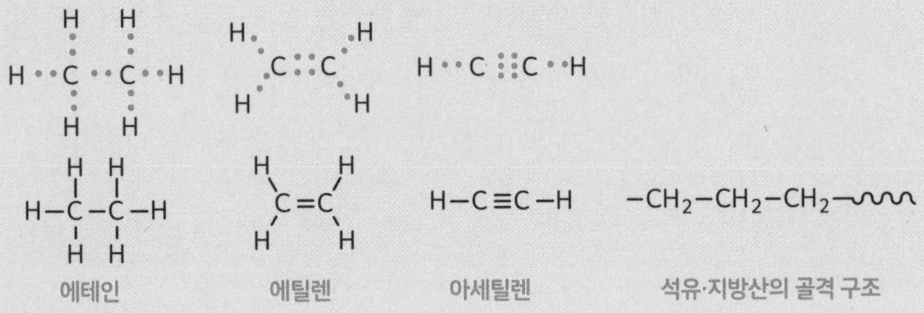

08

빛은 무엇일까?

Keyword
빛 전자기파 파장 X선 빌헬름 뢴트겐
가시광선 자외선 적외선 극초단파

"**빛**은 파동이다"라는 말을 들어도 잘 와닿지 않는 분들이 많을 거예요. 하지만 파장()을 지닌 물결이라고 생각하면 빛의 특징을 확실히 이해할 수 있습니다. 빛은 화학 물질에 다양한 영향을 미칩니다.

일기예보로 친숙한 자외선도, 눈에 보이는 빛도 모두 통틀어 **전자기파**라고 합니다. 파동은 고유한 **파장**을 지니며 파장이 짧을수록 에너지가 큽니다. 잘 알려진 전자기파를 에너지가 높은 순서대로 나열하면 다음과 같습니다.

에너지가 높은 순으로 나열한 전자기파:
X선, 자외선, 가시광선, 적외선, 극초단파

에너지가 높은 순으로 나열한 가시광선:
보라, 남색, 파랑, 초록, 노랑, 주황, 빨강

X선은 건강 진단에서 흉부 사진을 촬영할 때 쓰이며, 발견한 사

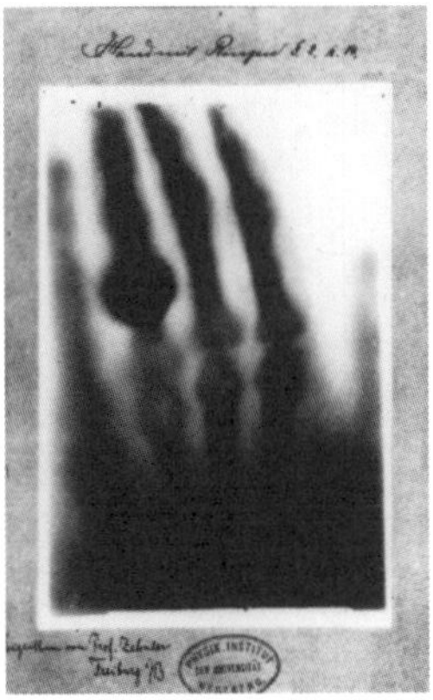

뢴트겐이 최초로 의료용 X선을 이용해 촬영한 아내 안나 루드비히의 손 사진

빌헬름 뢴트겐
(1845~1923)

람의 이름을 따서 **뢴트겐선**이라고도 합니다. 이 고에너지 전자기파를 일으키는 방법을 발견한 **빌헬름 뢴트겐**Wilhelm Röntgen은 1895년에 사람들 앞에서 아내 안나의 손 사진을 찍었습니다. 손가락뼈가 비치는 사진을 본 사람들은 경악을 금치 못했습니다. 에너지가 큰 X선이 근육은 투과하지만, 뼈는 투과하지 못한 탓에 뼈만 비쳤기 때문이지요.

각 전자기파의 파장은 어느 정도일까요? 눈에 보이는 빛, **가시광선**은 대략 380~750nm(1nm는 10억분의 1m)입니다. 가시광선 중 보라색 빛의 파장이 가장 짧고, 빨간색 빛이 가장 깁니다. 적외선과 극초단파(마이크로파)의 파장은 가시광선보다 더 길지요.

자외선의 파장은 가시광선보다 짧고, 에너지는 가시광선보다 큽니다. DNA에도 손상을 줄 만큼 큰 에너지이므로 자외선을 오래 쬐면 건강에 해롭습니다. 하지만 비타민 D를 활성화하려면 자외선 에너지가 필요하므로 햇빛을 전혀 받지 않는 것도 바람직하지 않기에 곰곰이

무지개

생각해볼 문제입니다.

보통 우리가 가시광선의 색을 볼 수 없는 이유는 가시광선에 다양한 색이 섞여 있기 때문입니다. 비가 개거나 분수 가까이에 있으면 공기 중에 미세한 물방울(수증기가 아닌 액체 상태의 물 입자)이 햇빛에 반사됩니다. 파장에 따라 굴절률이 조금씩 다른데, 파장이 긴 빛부터 짧은 빛까지 다양한 각도로 굴절되면서 색이 갈라져 나옵니다. 이 현상이 바로 무지개입니다. 태양 빛과 물방울의 위치와 자신이 서 있는 위치가 절묘하게 맞아떨어지면 볼 수 있지요. 무지개가 원형으로 보이는 이유는 이 때문입니다.

적외선은 가스버너를 비롯한 각종 기기에서 발산되는 열선이며 적외선 카메라에도 쓰입니다. 적외선 카메라는 밝기뿐만 아니라 온도 차이까지 감지해서 어둠 속에 있는 물체를 찍을 수 있습니다.

적외선의 에너지가 가시광선보다 작다니, 체감과 달라 의외라고 생각할지도 모르겠습니다. **극초단파**는 전자레인지에 쓰이는 전자기파로, 적외선과 극초단파 모두 화학 결합의 진동 에너지(09 참조)를 들뜬 상태로 만듭니다. 진동 에너지가 들뜬 상태에 들어서면 그 물질의 온도가 높아진다는 의미입니다.

09

화학 결합과 에너지

Keyword 들뜬 상태 바닥 상태 전자 에너지 진동 에너지 회전 에너지

우리는 힘이 넘쳐 활발하게 움직일 때도 있고 가만히 휴식을 취할 때도 있지요. 똑같이 받아들이기에는 의미가 약간 다르지만, 분자도 에너지가 가득한 상태(**들뜬 상태**)와 안정된 상태(**바닥 상태**)가 있습니다. 에너지가 가득할 때는 어떤 반응이든 간단히 일어나지만, 반대로 안정된 상태일 때는 어떤 분자와도 잘 반응하지 않습니다.

분자의 에너지는 세 종류로 나누어 생각할 수 있습니다. 에너지 준위가 높은 순서대로 나열하면 **전자 에너지**, **진동 에너지**, **회전 에너지**입니다. 전자 에너지 상태는 연속적이 아니라 불연속적으로 변합니다. 즉, 1층에서 2층으로 올라갈 때 에스컬레이터처럼 스르륵 올라가는 대신 에너지를 받고 통통 튀어 오르는 느낌입니다. 게다가 일정 수준의 에너지가 있어야만 높은 준위로 들뜨는데, 조금 큰 정도가 아니라 상당히 큰 에너지가 필요합니다. 전자를 에너지 준위가 높은 상태(들뜬 상태)로 만들려면 열을 가하는 정도가 아니라 자외선이나 가시광선을 쬐어야 하기 때문입니다(에너지와 파장의 관계는 08 참조).

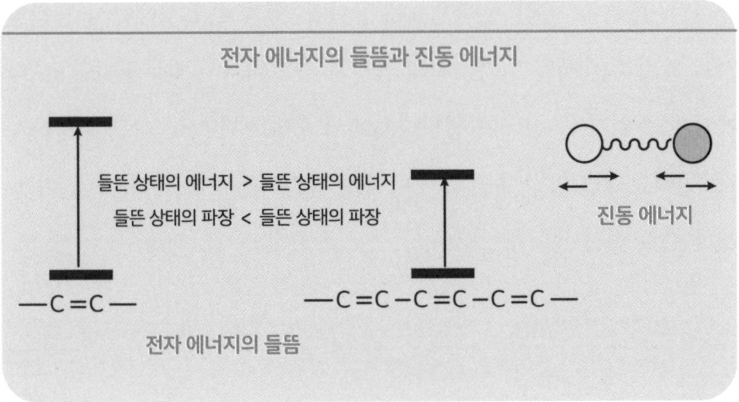

원자끼리의 결합은 막대끼리 연결한 것처럼 딱딱한 느낌이 아니라 용수철 같은 형태에 가깝습니다. 적외선을 비췄을 때와 마찬가지로 열을 가하면 원자가 강하게 진동하는데, 바꿔 말하면 진동 에너지가 커졌다고도 할 수 있습니다. 열을 가하기만 해도 결합이 끊어질 때도 있지만, 원자와 원자를 완전히 떼어놓으려면 결합 에너지만큼의 에너지가 필요합니다. 결합 에너지가 클수록 원자 사이의 결합이 안정적이어서 끊기 어렵기 때문입니다. 일반적으로 어떤 원소든 산소와의 결합 에너지가 큰데, 산소와 결합한 화합물(CO_2, H_2O, 산화철(녹) 등)이 만들어지기 쉬운 이유도 이 때문입니다.

가장 에너지 준위가 낮은 유형은 회전 에너지입니다. 다음 그림에 나타낸 물질은 뷰테인(C_4H_{10})이라는 화합물로, 구조상 C-H 결합은 물론 C-C 결합도 결합 축을 회전축 삼아 자유롭게 회전할 수 있습니다. 따라서 a 같은 상태도 될 수 있고, 180° 회전한 형태인 c도 될 수 있습니다. 물론 그 중간 상태인 b가 될 수도 있지요. c 상태에서 공간을 많이 차지하는 메틸기(CH_3)끼리 거리가 가까워져서 맞부딪치면 a보다 에너지 준위가 큰 상태가 됩니다. a에서 출발해서 360° 회전해서 다시 a로 돌아오려면 일정 수준의 에너지 준위 상태를 거쳐야 하는데, 이 상태가 바로 회전 에너지입니다.

뷰테인의 회전 에너지

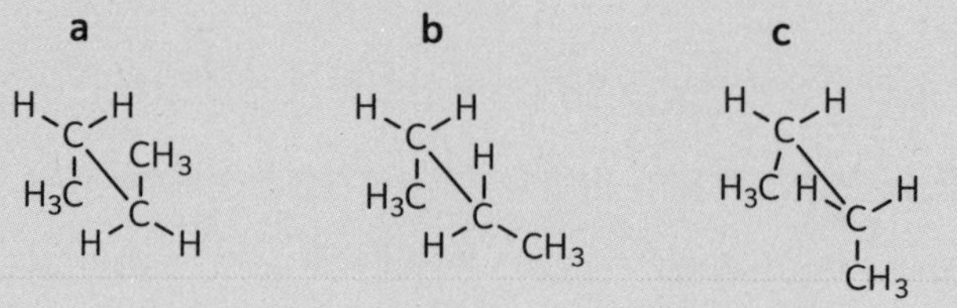

10 왜 밥을 전자레인지에 데우면 따뜻해질까?

Keyword

전자기파 극초단파 가열 센서

전자기파는 화학 물질을 활성화하는데, 활성화되는 화학 물질의 종류는 파장에 따라 다릅니다. 에너지가 큰 전자기파라 하더라도 모든 물질을 활성화할 수는 없습니다. 앞에서 화학 물질의 에너지 상태는 불연속적으로 변한다고 설명했는데, 변화를 일으키기에 충분한 에너지가 외부에서 들어오면 에너지 준위가 들뜬 상태로 변합니다.

여기서는 **극초단파**를 알아보려 합니다. 극초단파는 300MHz(메가헤르츠)~300GHz(기가헤르츠)의 주파수 범위에 해당하는 전자기파를 가리킵니다. 파장으로 나타내면 1m~1mm이지요. **위성 통신**, **휴대전화**, **레이더**, **라디오** 등 광범위하게 쓰이는데, 극초단파를 활용한 사례 중 화학과 관련된 기기로는 일상에서 편리하게 사용하는 전자레인지가 있습니다.

전자레인지에 쓰이는 극초단파는 3GHz 전후입니다. 식품 내부까지 전자기파가 직접 전달되어 식품에 들어 있는 수분을 직접 가열할 수 있지요. 그래서 프라이팬이나 오븐으로 식품의 표면을 데워 내부로 열이 전달되기를 기다리는 것보다 식품 전체를 빠르게 데울 수 있습니다.

그렇다면 가열은 어떤 원리일까요? 물은 H-O-H라는, 수소(H)와 산소(O)가 화학 결합한 화합물입니다. 이 결합은 막대처럼 딱딱한 느낌이 아니라 용수철에 가까운 이미지인 만큼 늘어나거나 줄어들면서 진동합니다. 부드럽게 진동한다는 말은 그 물질의 온도가 낮고, 반대로 강하게 진동하는 물질은 온도가 높다고 표현할 수도 있습니다.

3GHz 전후인 극초단파의 에너지는 물 분자의 H-O 결합의 진동을 활성화하기에 적절한 수준입니다. 따라서 식품에 이 극초단파를 쬐면 안에 들어 있는 물 분자의 H-O 결합이 강하게 진동해서 물의 온도가 올라갑니다. 식품 내 물 분자의 온도가 올라가면 물이 아닌 성분에까지 전달되어 식품 전체가 따뜻해집니다. 이것이 전자레인지가 식품을 데우는 원리입니다. 온도를 설정하려면 센서가 필요하지만, 그렇게까지 설정하지 않더라도 '전자레인지에서 ○○초'처럼 시간을 조절해서 원하는 온도로 데우면 됩니다.

데운 술을 마실 때 따뜻한 물에 데운 술과 전자레인지에서 데운 술은 목 넘김이 다르다는 주장도 있습니다. 저는 그 미묘한 차이(가 있다는 가정하에)를 구별할 수 없지만, 성인 독자분들께서 한번 시험해보셔도 좋을 듯합니다. 물과 알코올 같은 술의 성분 배합(성분을 이루는 분자끼리 섞은 비율) 차이로 다른 느낌을 받을지도 모릅니다.

전자레인지로 데운 밥의 온도

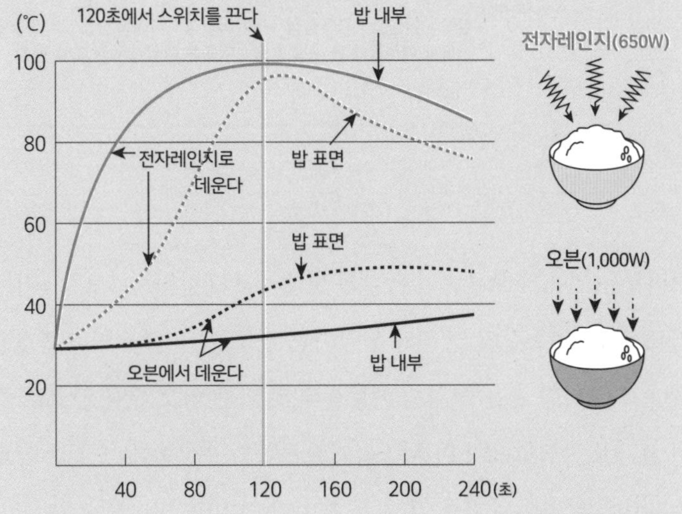

11 왼손과 오른손의 모양은 같을까, 다를까?

Keyword

실상　거울상　카이랄성　비카이랄성　비대칭 탄소　비대칭 합성　거울상 이성질체 면 구별 반응　거울상 이성질체 장 구별 반응

여러분은 왼손과 오른손이 똑같은 형태라고 생각하시나요? 크기는 같지요. 형태도 똑같지 않을까 생각하는 분도 적지 않으리라고 생각합니다. 그렇다면 손을 펼쳐서 손등을 위로 가게 하고 팔을 앞으로 쭉 뻗어 보세요. 어떤가요? 왼손의 엄지손가락은 오른쪽에, 오른손의 엄지손가락은 왼쪽에 있지요. 두 손을 겹치면 엄지손가락이 서로 반대편으로 가서 정확히 겹칠 수 없습니다. 그러니까 엄밀히 말하면 두 손의 형태는 다릅니다. 두 손은 실제 형상(**실상**)과 이 상이 거울에 비친 형상(**거울상**)의 관계입니다. 이처럼 어떤 물질이 왼손과 오른손처럼 존재할 경우, 이 물질을 **카이랄성**Chirality이라고 합니다. 반대로 실상과 거울상을 서로 겹칠 수 있으면 **비카이랄성**Achirality이라고 합니다.

　일상에서 발견할 수 있는 카이랄성과 비카이랄성의 사례를 찾아볼까요? 손발은 카이랄성입니다. 신발은 카이랄성이고 양말은 비카이랄성입니다. 신발은 좌우를 바꿔 신을 수 없지만, 양말은 좌우를 구분하지 않고 발에 신을 수 있으니까요. 이처럼 카이랄성인 물질(발과 신발)끼리는 상호작용이 되는 경우와 되지 않는 경우가 있는 반면에 한쪽이 비카이랄성(발과 양말)이면 상호작용하지 않습니다. 야구 글러브는 오른손잡이용과 왼손잡이용이 있는데 야구 방망이는 없지요. 글러브는 카이랄성이고 방망이는 비카이랄성이기 때문입니다.

왼손 분자와 오른손 분자

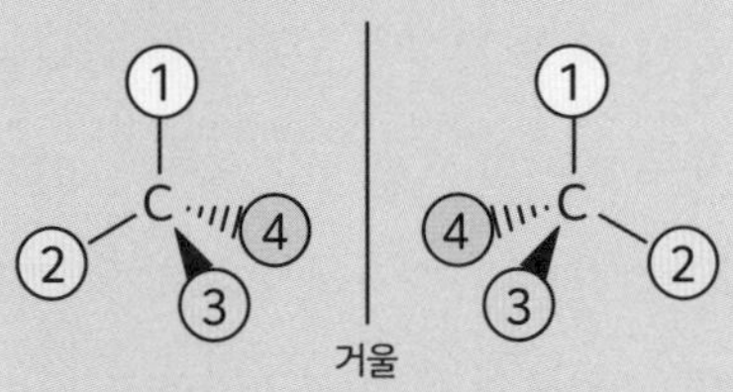

종이 평면을 기준으로 실선 쐐기로 표시한 결합은 앞으로, 점선 쐐기로 표시한 결합은 뒤로 향함을 의미합니다.

분자 자체의 형태에 따라 카이랄성 분자가 만들어지기도 합니다. 앞에서 메테인의 구조를 평면에 나타냈는데 사실 메테인은 3차원 구조입니다. 정사면체 중심에 탄소가 있고 수소 원자 4개가 4개의 꼭짓점에 위치합니다. 그리고 이 메테인 같은 구조의 분자에 탄소를 중심으로 서로 다른 원자 또는 원자단이 결합하면 카이랄성이 됩니다. 분자의 카이랄성은 손이나 발보다 상상하기 어렵지만, 네 종류의 서로 다른 원자단을 ①~④로 표시해서 그림으로 나타냅니다. 이때 이 두 분자는 서로 겹칠 수 없는 실상과 거울상의 관계임을 알 수 있습니다. ①-C를 축으로 삼아 한쪽을 180° 회전해서 ①, ②를 같은 면에 두면 ③과 ④는 서로 다른 위치에 있습니다. 왼손과 오른손의 관계와 마찬가지로요. 이러한 구조의 중심에 있는 탄소를 **비대칭 탄소**라고 합니다.

일반적인 화학 합성으로 카이랄성 화합물을 만들면 왼손형과 오른손형, 두 분자가 일대일로 만들어집니다. 그런데 사람을 비롯하여 생물에 특정 활성을 일으키는 화합물(**의약품**, **농약**, **향신료** 등) 중에는 한 종류의 분자만 효과적인 경우가 많습니다. 따라서 그 분자만 선택적으로 만들 수 있는지가 굉장히 중요합니다. 비카이랄성 원료로부터 카이랄성 생성물의 특정 분자만을 만드는 방법을 **비대칭 합성**이라고 합니다. 비대칭 합성에는 두 가지 방법이 있는데, 1) 이중 결합 중 어느 쪽 면에 반응 물질을 가까이할지를 제어하는 **거울상 이성질체* 면 구별 반응**과 2) 2개의 X 원자 중 한쪽만 다른 원자 또는 원자단 Y로 치환하는 **거울상 이성질체 장場 구별 반응**입니다.

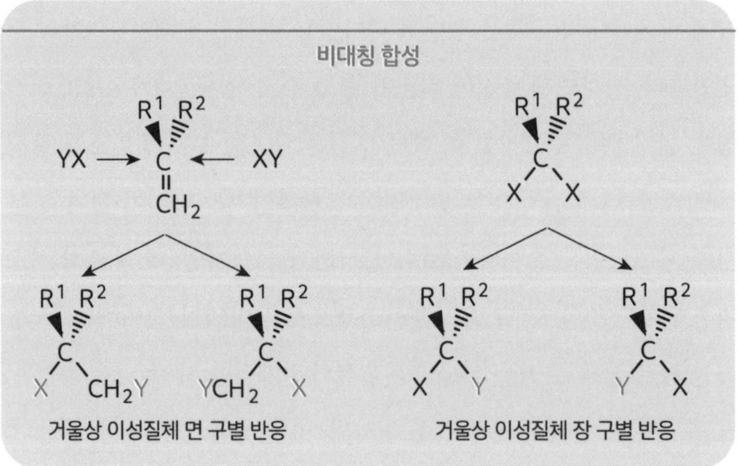

* 이성질체(Isomer): 원자 구성(분자식)은 같지만 분자 구조가 달라 물리적·화학적 성질이 다른 화합물. 서로 대칭인 이성질체를 거울상 이성질체(Enantiomer) 혹은 광학 이성질체(Optical isomer)라고 한다.

비대칭 분자

비대칭 탄소가 있으면 왼손형과 오른손형이 다른 분자가 존재할 수 있으며, 이 성질을 카이랄성이라고 한다는 내용을 배웠습니다. 하지만 비대칭 탄소가 없어도 카이랄성인 분자가 존재합니다. 이러한 분자들을 통틀어 비대칭 분자라고 합니다. 분자의 전체적인 형태를 봤을 때 실상과 거울상이 겹치지 않는 분자를 일컫는 말입니다.

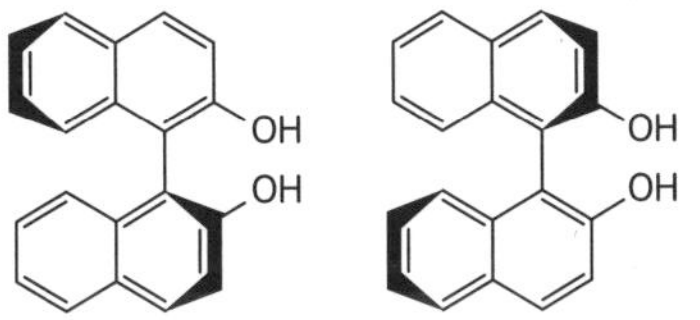

바이나프톨

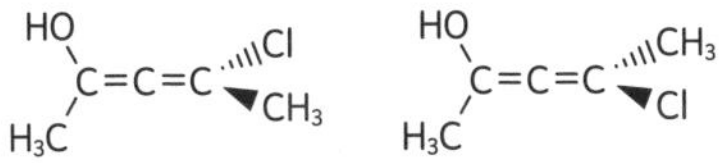

알렌 유도체

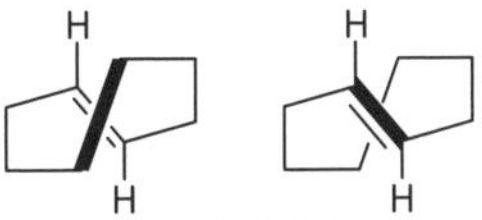

트랜스-사이클로옥텐

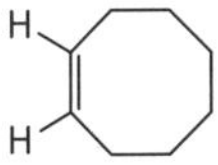

시스-사이클로옥텐

바이나프톨(정식 명칭은 1,1'-바이-2-나프톨(BINOL))은 구조상 OH기(하이드록시기)의 방해 때문에 나프탈렌 고리 2개의 결합이 자유롭게 회전할 수 없습니다. 따라서 그림처럼 실상과 거울상 관계인 두 이성질체가 만들어집니다.

탄소 3개가 이중 결합으로 연결된 알렌(C_3H_4)이라는 화합물에서는 양 끝의 탄소와 그 탄소에 결합한 치환기가 만드는 면이 서로 수직을 이룹니다. 따라서 같은 탄소와 결합한 치환기 2개가 서로 다를 경우 이 분자도 카이랄성이 됩니다.

이중 결합이 있는 고리형 화합물에서 탄소 고리가 서로 반대편에 붙어 있는 트랜스 이성질체(입체 이성질체 중 같은 종류의 원자 또는 원자단이 서로 같은 방향을 향하면 시스cis, 다른 방향을 향하면 트랜스trans 이성질체라고 한다_옮긴이)가 존재할 수 있는 분자에는 최소 8개 이상의 탄소가 있습니다. 이 화합물에서도 그림에 보이는 2종의 이성질체는 카이랄성입니다. 약간 어려울지도 모르지만, 종이로 모형을 만들어서 확인해보세요.

제3장

특이한 화합물

12

비정상적으로 높은 물의 끓는점

Keyword 물의 행성 끓는점 수소 결합 에틸기 에탄올 다이에틸에터

지구를 **물의 행성**이라고도 부르지요. 지구 표면에는 방대한 양의 물이 있고 바다가 지구의 표면적 중 70%를 차지하고 있기 때문인데요. 바닷속에서 최초로 생명이 탄생했으며 우리의 몸무게 중 약 60%는 물입니다. 물은 이처럼 생명체와 깊은 관련이 있는 데다 없어서는 안 될 화학 물질이지만, 사실 화학적으로는 여느 물질과 굉장히 다른 물질이기도 합니다.

일단 물은 끓는 온도(**끓는점**)가 굉장히 높습니다. 일반적으로 분자가 무거울수록 끓는점도 높습니다. 물은 산소(O)와 수소(H)가 결합한 화합물이니 주기율표상 산소와 가까운 원소(주기율표 순서로는 C, N, O, F)와 수소가 결합한 화합물의 끓는점을 비교해봅시다.

CH_4(메테인, 분자량 16):	−162℃
NH_3(암모니아, 분자량 17):	−33℃
H_2O(물, 분자량 18):	100℃

HF(플루오린화수소, 분자량 21): 20℃

물의 질량은 암모니아와 플루오린화수소의 중간이지만, 끓는점은 눈에 띄게 높음을 알 수 있습니다. 다른 분자와 성질이 비슷했다면 액체인 물이 지금처럼 지구 표면을 뒤덮지도 않았을 테고 생물도 살아남지 못했겠지요.

액체는 분자끼리 강하게 끌어당기는 상태이고 기체는 분자 하나하나가 제멋대로 돌아다니는 상태입니다. 물의 끓는점이 높은 이유는 이 끌어당기는 힘이 다른 화합물보다 강하기 때문입니다. 물 분자를 구성하는 수소 원자는 전기적으로 양전하(δ^+)를, 산소는 음전하(δ^-)를 띱니다. 따라서 두 원자 사이에 작용하는 정전기적 인력 덕에 물은 다른 분자보다 결합이 강합니다.* 이 힘을 **수소 결합**이라고 합니다. 게다

수소 결합의 이미지

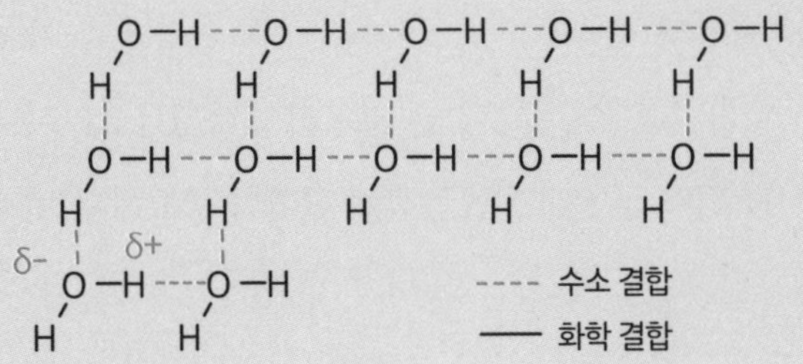

호수로 떠밀려온 빙하(뉴질랜드)

가 물 분자는 근처의 다른 분자들과 네트워크를 형성해서 제멋대로 흩어지지 않으므로 끓는점이 높습니다.

참고로 물의 수소 원자(H) 1개가 **에틸기**(C_2H_5)로 치환된 **에탄올**(C_2H_5-O-H, 분자량 46)의 끓는점은 78.3℃, 수소 원자 2개가 에틸기로 치환된 **다이에틸에터**(C_2H_5-O-C_2H_5, 분자량 74)의 끓는점은 34.6℃입니다. 질량은 무거워졌는데 끓는점은 오히려 낮아졌네요. 수소 결합을 형성한 O-H 원자의 존재가 끓는점에 얼마나 중요한지 이해되셨나요?

다른 물질과 구분되는 물만의 독특한 성질이 또 한 가지 있습니다. 바로 액체에서 고체가 될 때 부피가 늘어난다는 점입니다. 한 화합물에 고체와 액체가 공존하는 현상을 볼 수 있는 물질이 물 정도밖에 없어서 신기하지 않을지도 모르지만, 사실 어떤 화합물의 고체가 같은 물질의 액체에 뜨는 현상은 굉장히 드뭅니다. 만약 얼음이 바닷속으로 서서히 가라앉았다면 일본 홋카이도에서는 러시아에서 떠내려온 유빙을 볼 수도 없었을 테고, 북극곰의 서식지도 줄어들었을 테지요.

* 전기음성도와 정전기적 인력: 전기음성도는 공유 결합을 하는 원자가 전자를 끌어당기는 정도의 상댓값으로, 전기음성도가 클수록 부분 음전하(δ^-)를 띠고 전자를 빼긴 원자는 부분 양전하(δ^+)를 띤다. 그리고 양전하를 띤 원자와 음전하를 띤 원자 사이에는 서로 끌어당기는 힘이 작용하는데 이를 정전기적 인력이라고 한다.

13

산소가 있어도 살 수 있다고?

Keyword 산소 스핀 산소의 반응 활성 산소

이번에 할 얘기는 조금 어렵습니다. 하지만 우리가 살면서 없어서는 안 될 **산소**에 관한 이야기이니 따라와 주시겠어요?

원자끼리 결합을 하나 만들려면 각 원자가 한 쌍의 전자를 제공해야 합니다(06 참조). 하지만 전자 2개가 있다고 끝이 아니라는 점이 까다롭습니다. 지구가 자전하는 것처럼 이 두 전자도 자전, 즉 **스핀**Spin하는데요, 두 전자의 스핀 방향이 반대여야만 안정적인 결합을 만들 수 있습니다. "왜 스핀할까? 왜 반대 방향이어야 할까?"에 관한 설명은 생략하고, 그렇다는 사실만 기억한 다음 넘어가도록 해요. 산소 분자(O_2)도 두 원자가 전자를 공유해서 결합을 만드는데, 다른 분자와 달리 한 쌍의 전자가 같은 방향으로 스핀합니다. 이 부분도 "왜?"에 대한 설명 없이 넘어가겠습니다. 이 고비만 넘으면 그다음부터는 그렇게 어렵지 않습니다.

산소 분자와 A-B라는 분자가 반응하는 경우를 생각해볼까요. 산소 분자의 전자 2개를 • 으로, 스핀 방향을 화살표로 나타내면 그림과

갈습니다.

산소의 반응

한편 분자 A-B에서는 결합에 관여하는 전자 2개를 -로, 스핀 방향을 화살표로 나타내면 화살표는 서로 반대 방향을 가리킵니다. 이 두 분자가 반응하면 A-O 결합의 스핀은 반대 방향이므로 문제없이 결합이 만들어지지만, B와 O의 결합에서는 스핀이 같은 방향이므로 결합이 즉시 만들어지지는 않습니다. 즉, 반응하자마자 안정된 상태가 되지 않는다, 따라서 반응이 잘 일어나지 않는다는 말이지요.

어떤 원소든 산소와의 결합 에너지가 크기 때문에 일단 결합이 만들어지면 굉장히 안정적인 상태가 됩니다. 하지만 전자의 스핀 때문에 공기 중에 산소가 있어도 안정적인 결합이 만들어지기까지의 장벽이 높아서 사실상 좀처럼 반응하지 않게 되는 것이지요. 이 스핀이 아니었더라면 산소 분자의 반응성도 훨씬 높았을 테고, 생명체에 해로운 온갖 반응까지 일어났겠지요. 인간을 비롯한 여러 호기성 생물(살아가는 데 산소가 필요한 생물_옮긴이)은 산소가 없으면 살 수 없지만, 반대로 말하면 **공기 중에 이렇게 산소가 많은데도 살 수 있습니다.**

앞의 반응식에서 본 A-O-O· 형식의 화학 물질이 몸 안에서 만들어지면, 반응성이 굉장히 높아서 우리 몸에는 좋지 않습니다. 이른바 **활성 산소**인데요. 꽁치, 정어리, 고등어 같은 등 푸른 생선을 비롯하여 지방과 폴리페놀이 함유된 식재료가 몸에 좋은 이유는 이러한 활성 산소를 억제하는 효과가 있기 때문입니다(18 참조).

높은 곳으로 올라갈수록 기압이 떨어지므로 산소는 그만큼 적어집니다. 히말라야 등반을 위한 베이스캠프는 해발 5,000m에 위치하는데, 이 높이의 산소량은 해수면의 절반입니다. 하지만 그 정도 양이라면 사람은 산소 봄베 없이도 오랜 시간 동안 활동할 수 있습니다. 적혈구 수가 증가해서 몸 곳곳에 산소를 더 효율적으로 공급할 수 있기 때문입니다. 그렇게 고지대에 몸을 적응시킨 다음 8,000m급의 산 정상을 향하지요. 마라톤 선수가 고지대에서 트레이닝하는 이유도 마찬가지로 적혈구의 증가로 근육과 심장과 폐로 향하는 산소량이 늘면서 경기할 때 유리해지기 때문입니다.

산소가 없으면 살 수 없지만, 활성 산소를 생각하면 산소가 지나치게 많아도 안 되니 섣불리 좋다 나쁘다 할 수 없는 문제입니다. 참고로 잠수부가 등에 메는 산소 봄베 안에는 순수한 산소가 아닌 공기가 들어 있습니다.

14 드라이아이스와 얼음의 차이

Keyword 고체 액체 기체 녹는점 끓는점 승화 드라이아이스 얼음 이산화탄소 봄베 나프탈렌 장뇌

많은 화합물이 낮은 온도에서는 **고체** 상태지만 온도가 올라가면서 **액체**, **기체**로 변합니다. 얼음이나 눈이 녹으면 물이 되고, 끓으면 수증기가 된다는 사실은 다들 아실 테지요. 평소 고체로만 볼 수 있는 철이라도, 반대로 평소에는 눈에 보이지 않는 기체인 프로판(가스난로의 연료)이라도 적절한 온도에서는 액체로 존재합니다. 철은 1,536℃에서 녹으며 지구 내부에서는 액체 상태로 움직입니다(47 참조). 택시 등의 연료로 쓰이는 LPG는 'Liquefied petroleum gas'의 약자로, 직역하면 액화 석유 가스입니다. 끓는점이 낮아 상온에서는 기체로 존재하는 석유 가스를 액체로 만들어 농축한 연료라는 의미지요. LPG는 온도를 낮춘 게 아니라 압력을 가해서 액화한 물질입니다.

이처럼 액체인지 기체인지는 온도뿐만 아니라 압력 역시 큰 관계가 있지만, 표면적으로 온도가 올라가면 화학 물질은 고체→액체→기체 순으로 변하며, 이 변화의 경계가 되는 온도를 각각 **녹는점**, **끓는점**이라고 합니다. 그런데 예외적으로 고체에서 바로 기체가 되는 물질도

있습니다. 이 현상을 **승화**라고 합니다.

우리가 일상에서 승화하는 성질을 가장 잘 이용하고 있는 물질은 이산화탄소가 아닐까요. 사실 고체 상태의 이산화탄소를 우리는 **드라이아이스**라고 부릅니다.

이산화탄소는 -78℃에서 고체로 변합니다. 이 고체 이산화탄소는 대기압에서는 액체를 거치지 않고 기체로 변합니다. 물의 고체 상태인 **얼음**보다는 만들기 어렵지만, 얼음 정도의 온도에서 보존하기 어려운 대상을 냉각 보존하는 데 쓰입니다. 얼음만으로 보존하기 어려운 대상은 무엇이 있을까요? 네, 아이스크림이나 케이크가 있네요. 안에 얼음을 넣고 집에 와서 꺼냈더니 질척질척하게 젖어 있으면 안 되겠지요. 이럴 때는 당연히 드라이아이스가 필요합니다. 액체가 아니라 탄소 기체가 되어 날아가니까요. 한편 회는 주변이 약간 젖어도 괜찮고, 드라이아이스를 넣으면 얼어버릴지도 모르니 드라이아이스를 쓸 수 없습니다. 이럴 때는 얼음을 넣든지 아니면 흡수성 높은 고분자 물질로 물을 빨아들여 얼린 다음 포장한 아이스 팩을 넣습니다.

참고로 압력을 가하면 이산화탄소도 액체가 됩니다. 이 액체 이산화탄소를 담은 용기가 바로 맥주를 큰 잔에 부을 때 쓰는 녹색 **이산화탄소 봄베**입니다. 맥주에는 원래 이산화탄소가 들어 있으니 이산화탄소를 눌러 담으면 '김빠질' 염려는 안 해도 되겠네요.

나프탈렌과 **장뇌**도 승화하는 대표적인 물질입니다. 냄새가 강한 탓에 지금은 자주 쓰지 않지만, 방충 작용이 있고 상온에서 기체로 변하는 물질입니다. 옷과 함께 두면 조금씩 기체로 변해서 옷장과 찬장에 가득 찬 나프탈렌이나 장뇌가 해충이 침입하지 못하도록 막습니다. 만약 액체로 변해서 같이 둔 옷에 스며들면 곤란하겠지요. 나프탈렌이든 장뇌든 잘 만든 물질입니다.

물이 든 컵에 드라이아이스를 넣으면

나프탈렌의 구조식

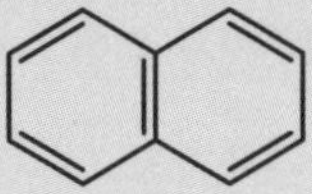

15

가장 아름다운 금속, 금

Keyword 비활성 기체 금 금속 화폐 비중 금의 비중

최외각 전자 수를 8개 충족해서 다른 원소와 반응하지 않는 원소를 **비활성 기체**라고 합니다. 헬륨(He, 최외각 전자 수 2개), 네온(Ne), 아르곤(Ar) 등이 이에 해당합니다. 이러한 원소들은 이론적으로 다른 원소와 결합하지 않는데, 비활성 기체가 아니지만 다른 원소와 결합하지 않는 대표적인 원소로 **금**이 있습니다. 금은 산소와 결합하지 않으므로 자연계에서 금 자체로 발견됩니다. 철과 알루미늄 등 다른 **금속**은 산소나 다른 원자와 반응해서 만들어진 화합물 상태로 자연계에 존재합니다. 따라서 순수한 철 또는 알루미늄 금속을 얻으려면 화학적으로 처리해야 합니다. 제철은 철과 결합한 산소를 코크스(석탄, 석유 등 화석 연료를 정제해서 만든 연료. 탄소 함량이 높아 철광석을 녹여 철을 만드는 공정에 이용된다_옮긴이)로 옮기는 과정이며, 알루미늄을 정제할 때는 전기 분해로 산소를 제거하는 과정을 거칩니다. 한편 금은 다른 금속과 달리 불순물이 섞이지 않은 채 자연계에 존재하며, 찬란하게 빛나는 자태로 그 존재를 과시하기에 예로부터 유명했던 특이한 금속입니다. 한 시대를 풍미한

권력자의 의복, 건물, 묘를 장식한 권력의 상징이기도 했습니다.

일본에서는 돈을 **오카네**お金라고 하는데, 근대 사회에 들어 금속이 **화폐** 역할을 하기 시작했음을 보여주는 대표적인 사례입니다. 우리가 보통 돈을 주고 대가로 받는 물건은 금액에 걸맞은 가치가 있다고 인정한 물건입니다. 라면이라면 그만큼 맛있을 테고, 스마트폰이라면 그만큼 편리하겠지요. 그렇지만 금은 사들여도 쓸 방도가 없습니다. 장식품으로 가공한 세공품과 별개로, 감상할 때 예쁘다는 이유로 금 자체를 사는 사람도 없거니와 굶주린 배를 금으로 채우는 사람도 없습니다. 단지 국가가 가치를 보장하는 화폐와 같은 가치, 아니, 오히려 그 이상의 가치가 있다고 인정받기에 사람들은 금을 삽니다. 갑자기 가치가 떨어질 걱정이 없는 특수한 금속인 셈이지요. 과거에는 부와 권력의 상징이었지만, 지금은 실질적인 부의 가치로 인정받고 있습니다.

금이 권력의 상징임을 알 수 있는 유명한 일화가 있습니다. 고대 그리스의 과학자 아르키메데스Archimedes가 **비중**이라는 개념을 떠올렸던 당시의 이야기입니다. 아르키메데스는 왕관을 망가뜨리지 않고 왕관이 순금인지 아니면 은이나 구리 같은 금속이 일부 섞인 가짜인지 알아내라는 왕의 명령을 받았습니다. 지금이라면 시중에서 판매하는 장치로 간단하게 알아낼 수 있겠지만, 당시에는 그럴 수 없었지요. 그는 욕조에 들어가 이 문제를 생각하다가 마침내 해답을 떠올렸습니다. 너무 기쁜 나머지 **"유레카(깨달았다)!"**라고 외치며 거리로 나가 뛰어다녔다고 합니다. 진짜일까요? 비중을 재면 순금인지 순금이 아닌지 알

페어뱅크스 골드 러시* 시대에 미국 알래스카주로 사금을 운반한 배와 유콘강

아르키메데스의 원리

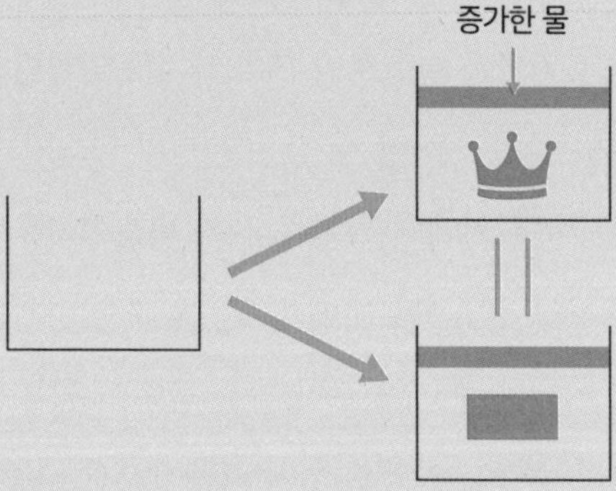

왕관과 무게가 같은 금괴를 넣었을 때 증가한 물의 부피가 같으면 왕관은 순금으로 만들어진 겁니다! 이 실험을 하려면 왕관과 같은 무게의 금괴를 준비해야 합니다. 그리고 증가한 물의 부피가 같으면 왕관도 순금이라고 할 수 있습니다. 만약 은이나 구리가 섞여 있다면 왕관의 부피가 순금보다 크기 때문에 증가한 물의 부피 역시 왕관보다 큽니다.

수 있었으니까요. 그야말로 목욕탕에서 떠올릴 만한 발상입니다.

참고로 **금의 비중**(질량 1cm^3를 그램으로 나타낸 수치)은 19.3, 은의 비중은 10.5, 구리의 비중은 8.96입니다. 금의 비중이 두드러지게 크군요. 물을 채운 수조에 왕관을 넣었을 때 늘어난 물의 양을 토대로 부피를 정확히 측정해서 질량과 비교하면 이물질이 혼합되었는지 알 수 있습니다.

* 페어뱅크스 골드 러시(Fairbanks Gold Rush): 골드 러시는 금광이 발견되면서 사람들이 그곳으로 몰려든 현상. 특히 19세기 미국 캘리포니아주가 유명하며, 알래스카주의 도시 페어뱅크스도 그런 지역 중 하나였다.

끓는점이 낮은 화학 물질

앞에서 물은 끓는점이 높다고 소개했는데요, 반대로 끓는점이 낮은 화학 물질은 무엇이 있을까요? 우리가 공기라고 부르며 당연히 기체로 존재한다고 생각하는 화합물도 온도를 낮추면 액체가 됩니다. 산소의 끓는점은 -183℃, 질소의 끓는점은 -196℃입니다. 일상에서 무언가를 반드시 저온으로 운반해야 할 때는 드라이아이스를 사용하지만, 드라이아이스의 온도는 -78℃입니다. 하지만 액체 질소를 넣으면 그보다 100℃ 이상 낮은 온도로 유지할 수 있고 공기 중의

자기부상열차(초전도 리니어 L0계*)

철도 시험 운행에서 세계 최고 속도인 603km/h를 기록했다.

질소로 만들 수 있어 과학 실험에도 종종 쓰입니다. 금붕어를 액체 질소에 넣으면 한순간에 온몸이 얼어버리지만 죽지는 않고, 다시 물에 넣으면 예전처럼 멀쩡하게 헤엄쳐 다닙니다.

수소의 끓는점은 질소보다 더 낮은 -253℃입니다. 액체 수소와 액체 산소를 섞으면 격렬하게 반응하며 물이 만들어지는데, 로켓 연료에도 이 원리를 활용합니다. 최근에는 이 방법으로 자동차를 움직이는 기술도 현실에 가까워졌습니다(73 참조).

가장 끓는점이 낮은 물질은 헬륨인데, 헬륨의 끓는점은 -269℃입니다. 실용적으로는 전기 저항이 0에 가까운 전자석, 초전도 전자석을 만들기 위해 기계 장치에 쓰입니다. 현재 개발 중인 자기부상열차도 초전도 전자석을 활용한 열차입니다.

* 초전도 리니어 L0계: 일본에서 개발한 자기부상열차의 이름. L은 리니어(Linear), 0은 1세대 차량을 의미한다.

제4장

화학 구조와 성질

16 물과 기름 사이를 이어주는 매개

Keyword 극성 화합물 친수성 비극성 화합물 소수성 계면활성제 마이셀 가성소다

화합물의 구조와 기능은 밀접하게 연관되어 있습니다. 화합물의 구조에 중요한 요소가 두 가지 있는데, 하나는 **분자의 형태와 크기**이고 다른 하나는 **전하의 편향**, 즉 한쪽으로 치우쳤는지입니다. 전하가 한쪽으로 치우친 화합물을 **극성 화합물**이라고 하며 **친수성**(물에 녹는 성질)이 있습니다. 한쪽으로 치우치지 않은 화합물은 **비극성 화합물**이고 **소수성**(물에 녹지 않는 성질, 친유성)이 있습니다. 친수성 화합물끼리나 소수성 화합물끼리는 잘 섞이지만, 친수성 화합물과 소수성 화합물은 섞이지 않습니다.

우리가 평소 사용하는 비누, 샴푸, 그리고 의류를 세탁하거나 식기를 닦을 때 쓰는 세제를 통틀어 **계면활성제**라고 합니다. 하나같이 몸, 옷, 식기로부터 물에 섞이지 않는 기름 성분을 제거한다는 공통점이 있습니다. 계면활성제의 구조적 특징은 무엇이고, 기름때를 지우는 원리는 무엇일까요?

물과 기름이 섞이지 않는 이유는 극성이 다르기 때문입니다. 물

의 구조는 H-O-H로, 수소(H)는 전기적으로 양성이고 산소(O)는 전기적으로 음성입니다. 즉, 전하가 크게 치우친 물은 극성 화합물입니다. 한편 CH_2가 여러 개 연결된 기름은 탄소(C)와 수소 사이에서 전하가 거의 치우치지 않았기 때문에 분자는 전체적으로 비극성입니다. 이처럼 극성이 다른 물과 기름은 서로 섞이지 않습니다. 기름은 수면에 한 방울만 떨어뜨려도 얇은 막처럼 표면에 떠다닙니다. 기름이 물에 섞이지 않으면 아무리 물로 열심히 씻어도 기름때는 떨어지지 않습니다. 그래서 두 사람의 성격이 달라 사이좋게 지내지 못할 때는 **물과 기름 같은 사이**라고 하지요.

그렇다면 어떻게 해야 물과 기름이 섞일까요? 물과도 기름과도 사이가 좋은 화합물을 만들면 되겠네요. 두 분자와 닮은 구조가 포함된 화합물이라면 양쪽 모두와 사이좋게 지낼 수 있겠지요. 구체적으로는 물과 친한 극성 부분, 기름과 사이좋은 비극성 부분을 분자 하나에 모두 가지고 있는 화합물이 적합한데, 이것이 바로 계면활성제의 기본 구조입니다. 그다음은 두 구조를 갖춘 화합물을 어떻게 화학 결합하게 만드느냐가 관건입니다.

기름이 약간 떠 있는 물에 계면활성제를 풀면 물과 친한 극성 부분이 주변의 물 분자로 향하고, 비극성 부분이 중심으로 향하도록 분자가 모여 **마이셀**Micelle이라는 집합체가 만들어집니다. 마이셀의 중심 부분과 친한 기름방울이 안쪽으로 들어가면서 전체적으로 물에 녹아들어 몸, 옷, 식기에서 기름이 떨어져 나갑니다. 더 자세히 풀자면 성능

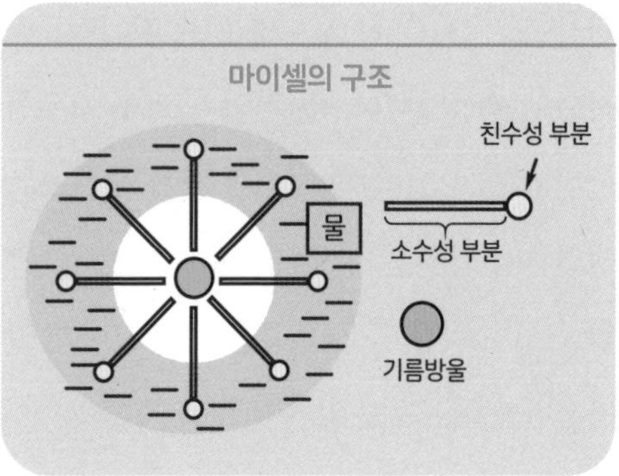

이 좋고 인체와 환경에 해롭지 않으며 가격이 저렴해야 한다는 필수 조건을 갖춰야 합니다. 사용 후 하수 처리장을 거치더라도 폐수에 섞여 환경에 방출되므로 반드시 환경에 부담을 주지 않는, 즉 미생물에 의해 쉽게 분해되는 화합물이어야 합니다.

주의가 필요하긴 하지만, **비누**는 식용유와 수산화소듐(가성소다) 수용액을 우유 팩 같은 용기에 넣고 섞기만 해도 간단하게 만들 수 있습니다. 비누는 아래와 같은 반응으로 만들어집니다.

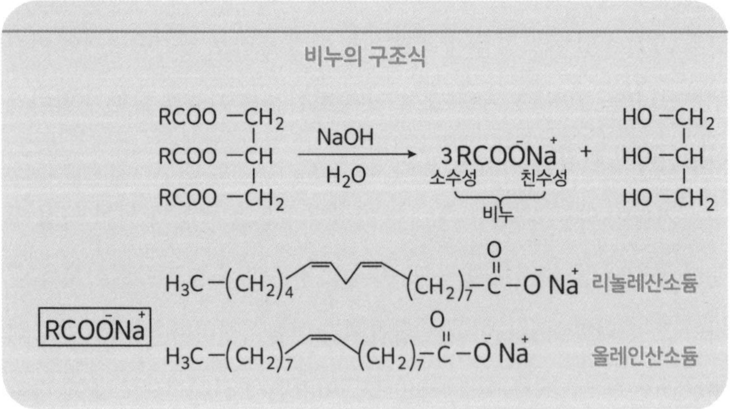

17 정말 신기한 설탕과 아스파탐의 맛과 구조

Keyword
단맛 짠맛 신맛 쓴맛 감칠맛 당 미뢰 수용체
포도당 과당 아스파탐

음식의 맛을 이루는 요소는 다섯 가지입니다. **단맛**, **짠맛**, **신맛**, **쓴맛**, **감칠맛**이지요. 감칠맛은 조미료로 글루탐산소듐(다시마의 감칠맛, 44 참조)이 널리 쓰이게 되면서 맛의 요소 중 하나로 자리 잡았습니다. 단맛의 주성분은 당분(29 참조)으로, 평소 요리에 들어가는 설탕도 화학적으로는 **당**의 일종입니다. 당분은 생물의 에너지원입니다. 그러니까 생물이 무언가를 좋아해서 먹는 행동은 사실 의식하지 않았을 뿐 생명을 유지하는 행동이자 순리에 따른 행동이었습니다. 동물이 식물을 먹고 똥을 싸면 그 덕분에 씨를 멀리까지 퍼뜨릴 수 있으니 그 식물에도 좋은 일입니다. 당분이 달지 않고 짜거나 썼다면 그런 일은 없었겠지요. 초식동물의 주식인 풀이 고추처럼 매웠다면 지구에 사는 동물들의 세상은 완전히 달라졌을지도 모릅니다. 식물의 교묘한 생존 전략은 사실 다양성을 추구했던 대자연Mother nature의 현명함 덕분 아닐까요?

하지만 명심해야 할 점이 있습니다. 보통 생물이 하루에 세 번씩 규칙적으로 식사하기는 어렵습니다. 따라서 동물의 몸은 먹을 기회가

생기면 이틀 치, 사흘 치를 한 번에 섭취할 수 있도록 만들어졌습니다. 그리고 공복으로 버티는 동안 다음 먹을거리를 찾거나 사냥해서 얻어야 하지요. 하루에 세 번 규칙적으로 식사할 수 있는 좋은 인간이 유일하지만, 그럴 수 있게 된 시점은 아무리 길게 잡아도 기껏해야 농경을 시작한 약 1만 년 전입니다. 세 끼를 먹으면서 그때그때 필요한 양보다 많이 섭취하면 어떻게 될지는 불 보듯 뻔합니다.

혀 표면의 **미뢰**라는 **수용체**에 음식물이 결합하고 그 자극이 뇌로 전달되어야 비로소 음식 맛을 느낍니다. 수용체는 특정 형태의 물질이 수용체에 결합하도록 그 물질에 맞물리는 3차원 구조로 이루어져 있습니다.

대표적인 감미료는 일상에서 많이 쓰는 **설탕**입니다. 설탕은 모든 식물이 광합성으로 만드는 **포도당**Glucose이라는 지구상에 가장 많은 당과 포도당에서 간단하게 만들어지는 **과당**Fructose이라는 당이 결합해서 만들어집니다. 구조식은 오른쪽 그림과 같은데, 육각형 고리와 오각형 고리의 꼭짓점은 산소(O) 1개를 제외하면 모두 탄소(C)입니다. 쌀이나 빵의 영양분인 전분도 같은 구조 단위인 포도당이 연결된 형태이므로 전분이든 설탕이든 같은 양을 먹으면 영양분도 그만큼 섭취한 셈입니다.

유명한 인공 감미료로는 **아스파탐**이 있습니다. 설탕보다 500배단 화합물이지요. 아스파탐은 단백질의 구성 성분인 아스파라긴산과 페닐알라닌이 결합한 골격 구조입니다(28 참조). 아미노산을 연구하던 어느 과학자가 단백질 성분이니 독일 리 없다며 자신이 만들어 낸 물질을 핥아봤더니 굉장히 단맛이 났다는 일화가 상품화의 출발점입니다. 호기심은 중요한 법이랍니다! 그림에서 보듯이 아스파탐의 구조는 설탕과 비슷하면서도 다릅니다. 두 물질이 같은 맛을 내는 이유가 공통된 수용체에 결합해서인지는 확실하지 않지만, 신기할 따름입니다.

설탕의 구조(왼쪽)**와 아스파탐의 구조**(오른쪽)

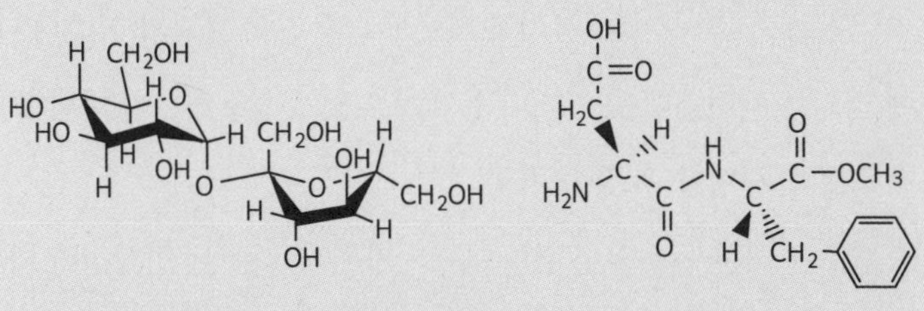

굵은 선과 쐐기 모양은 바라봤을 때 앞으로, 점선으로 된 결합은 뒤로 뻗어 있음을 나타냅니다.

18

등 푸른 생선과 폴리페놀은 왜 몸에 좋을까?

Keyword

활성 산소　산화 방지제　불포화 지방산　EPA　에이코사펜타엔산　폴리페놀

고등어, 꽁치, 정어리 같은 **등 푸른 생선**이 건강에 좋은 이유는 무엇일까요? 그리고 적포도주도 건강에 좋다고 합니다. 어쩌다 한 번씩 먹거나 마시기만 해도 건강에 좋다는 말은 어쩐지 비약 같지만, 건강에 좋은 이유는 모두 같습니다. 꽁치와 적포도주에 같은 효과가 있다니? 대번에 믿기는 어려운데요. 그러나 몸에서 어떻게 작용하는지 화학적 반응성을 통해 설명할 수 있습니다.

산소는 다른 원소와의 결합 에너지가 크기 때문에 안정성만 따지면 산소와 결합한 화합물은 쉽게 만들어집니다(09 참조). 그러나 13에서 설명했다시피 산소 분자의 전자는 다른 분자와 스핀이 달라서 곧바로 안정되지 않고 반응 자체가 잘 일어나지 않는 면도 있습니다.

우리 몸속에는 진짜 산소 분자는 아니지만 반응성이 높은 산소를 함유한 화합물, 이른바 **활성 산소**가 여러 종류 들어 있습니다(R-O-O·, R은 탄소를 함유하는 원자단). 양은 적지만 반응성이 높아서 조직이나 몸속 성분에 작용하면 건강에 악영향을 미치는 화합물입니다. 가령 활성

산소 때문에 DNA가 손상되면 암의 원인이 될 수도 있습니다. 이러한 활성 산소가 몸에 작용하기 전에 빠르게 반응해서 활성을 없애는 화합물을 통틀어 **산화 방지제**라고 합니다. 등 푸른 생선이나 적포도주에는 화학 구조는 서로 다르지만 산화 방지제 역할을 하는 화합물이 들어 있습니다.

등 푸른 생선의 지방(31 참조)에는 **이중 결합**(C=C)이 여러 개 있는 **불포화 지방산**이 많이 들어 있습니다. 불포화 지방산의 대표적인 화합물인 **EPA**Eicosapentaenoic acid**(에이코사펜타엔산)**의 구조를 그림에 나타냈

EPA, 폴리페놀과 R-O-O·의 반응

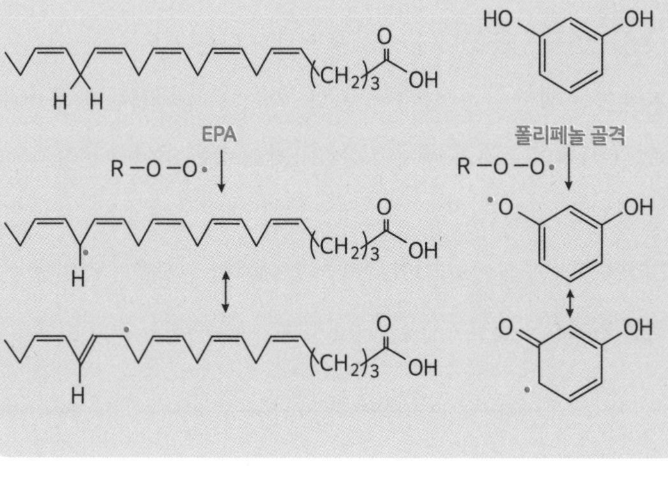

습니다. 그리고 적포도주에는 폴리페놀(그림은 기본 골격)이 들어 있습니다. 불포화 지방산에는 이중 결합으로 연결된 CH_2의 수소 원자(해당 C-H 중 일부를 그림에 표시)가, **폴리페놀**에는 OH의 수소 원자가 각각 활성 산소와 매우 활발하게 반응해서 활성 산소의 반응성을 없앱니다. EPA나 폴리페놀이 활성 산소와 반응하면 수소 원자가 빠지고 그 자리에 생긴 분자는 짝이 없는 전자를 가지게 되며, 가까이 있는 이중 결합 또는 벤젠 고리(탄소 간 단일 결합과 이중 결합이 교대로 나타나는 육각형 고리 구조의 화합물_옮긴이)의 영향으로 반응성이 낮아지면서 상태가 상대적으로 안정됩니다. 따라서 활성 산소는 몸에 악영향을 끼치지 않고 다른 화합물과 반응해서 안정적인 분자가 됩니다.

조금 어렵지만 더 자세히 알아볼까요? R-O-O·가 EPA의 이중 결합 사이에 있는 CH_2로부터 수소 원자(H·)를 빼냅니다. 수소가 빠지면서 짝이 없어진 전자는 그림처럼 이중 결합의 전자가 하나만 움직여도 다른 탄소로 이동합니다. 이렇게 전자가 다른 곳으로 이동할 수 있게 된 분자는 화학 반응성은 낮아지고 안정성은 높아집니다. 폴리페놀에서도 OH기의 수소가 빠지면 마찬가지로 짝이 없어진 전자가 이동할 수 있게 됩니다. 물이 든 컵 안에 잉크를 한 방울(짝이 없는 전자)을 떨어뜨리면 잉크가 물에 퍼지면서 색이 옅어지는 현상을 생각하면 이해가 빠를 거예요.

19 대항해 시대 선원의 선물

Keyword 방향족 화합물 지방족 화합물 유기화학 벤젠 벤젠 고리

유기 화합물(탄소가 포함된 화합물)을 크게 둘로 나누면 **방향족 화합물**과 **지방족 화합물**로 분류됩니다. 이름만 봐서는 서로 반대되는 개념처럼 보이지 않지요. 이 분류법은 화합물의 구조가 기준이며 냄새는 사실 상관없습니다. 지방족 화합물은 우리 몸에 들어 있는 성분 중 하나인 지방의 기본 골격이니 이해할 수 있지만, 왜 다른 한쪽은 향기로운 화합물일까요?

이야기의 발단은 먼 옛날 동서양이 바다를 가로질러 교역하던 시절까지 거슬러 올라갑니다. 가장 오래된 교역은 고대 이집트와 중국 푸젠성 사이의 항로로, 바다의 실크로드로 불렸습니다. 교역이 가장 번성한 시기는 2세기경입니다. 일본에서도 8세기 중반에 건립된 황실 창고 **쇼소인**에 페르시아에서 건너온 보물을 보관했다고 합니다. 그리고 일본의 **호류지**와 **이세 신궁**은 7세기에 세워졌다고 추정되지만, 그리스의 **파르테논 신전**에서도 쓰인 엔타시스Entasis(중심부가 가장 굵고 위아래로 갈수록 점점 굵기가 가늘어지는 기둥_옮긴이) 양식의 기둥을 보면 유라시

아의 동쪽 끝에 자리한 일본이 이미 서양의 영향을 받았음을 짐작할 수 있습니다.

육로도 수없이 개척되었는데, 북이탈리아의 상인이 터키까지 진출해 동방 무역에 관여했다고 합니다. 한편 **쿠빌라이 칸**Kublai Khan이 이끈 원나라 군대의 원정으로 동서양의 교역이 활발해졌고, 쿠빌라이 칸의 총애를 받았던 이탈리아의 **마르코 폴로**Marco Polo가 쓴 **《동방견문록》**은 아시아를 향한 유럽인들의 호기심을 크게 부풀렸지요. 오스만 제국이 세력을 키우는 한편, 1453년에 동로마 제국이 멸망하면서 동양과 자유롭게 무역할 수 없게 된 유럽 사람들은 해로를 통해 인도로, 그리고 더 멀리 나아가고자 했습니다. 이슬람교도로부터 영토를 되찾아오자는 레콩키스타Reconquista 운동에 일찍이 성공했던 포르투갈이 제일 먼저 바다로 진출했고, 스페인이 그 뒤를 따랐습니다. 1498년 포르투갈의 **바스코 다 가마**Vasco da Gama가 인도에 상륙했으며, 1492년에는 스페인 여왕이 파견한 크리스토퍼 콜럼버스Christopher Columbus가 서쪽으로 나아간 끝에 오늘날의 서인도제도에 도착했습니다. 콜럼버스는 지구는 둥그니까 유럽에서 서쪽으로 나아가면 인도에 도달할 수 있다고 믿었습니다. 서쪽으로, 서쪽으로 대서양을 항해하여 2개월 뒤 육지에 다다랐지만 1506년에 54세의 나이로 세상을 떠나기까지 서인도제도를 '인도'의 동쪽 끝이라고 믿었다지요.

유럽 사람들이 그렇게까지 탐냈던 물품 중 손꼽히는 것이 바로 유럽에서는 재배할 수 없던 **향신료**였습니다. 기본적으로 육식을 하는 유럽인들에게 조미료로 소금만 넣은 요리와 후추나 카레 가루를 뿌린 요리는 하늘과 땅 차이였습니다.

이윽고 시간이 흘러 **유기화학**이 발달하면서 좋은 향의 성분에 관해 연구하는 과학자들이 늘었습니다. 그리고 수많은 향신료의 성분에 **벤젠**(C_6H_6)이라는 기본 구조가 포함되어 있다는 사실을 발견해 냈습니다. 그렇다면 실제로는 어떤 구조일까요? 벤젠의 구조로 추정되는 식은 아래와 같습니다. 구조가 다양하지만, 분자식이 C_6H_6임은 변치 않습니다.

최종적으로는 독일의 유기화학자 프리드리히 케쿨레Friedrich Kekulé가 1865년에 제안한 **벤젠 고리**의 구조가 옳다는 사실이 입증되었습니다(일본에서는 벤젠 고리를 거북이 등딱지라는 속칭으로도 부릅니다). 이후 굉장히 안정적인 이 벤젠 고리를 포함하는 화합물 혹은 그 비슷한 화합물들을 방향족 화합물이라고 부르게 되었습니다. 향신료에서 유래

C_6H_6의 구조로 추정된 다양한 모형

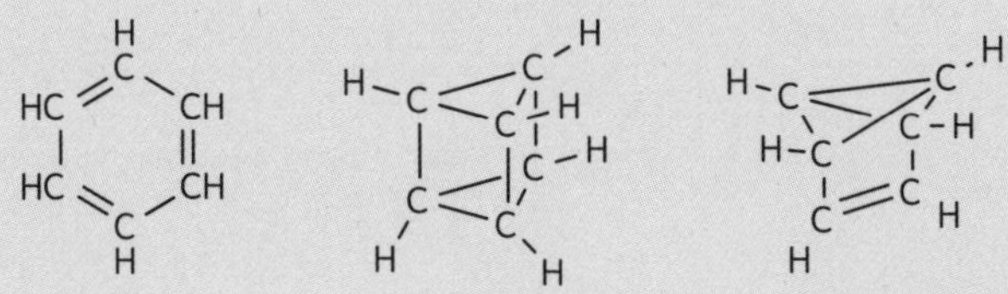

한 화합물의 기본 골격에서 따온 말이어서 방향족 화합물이라는 이름이 붙었지만, 사실 화학적 반응성 면에서 공통적인 특징을 가진 화합물을 일컫는 명칭이므로 냄새와 직접적인 관계가 없습니다. 개중에는 빈말로도 냄새가 좋다고 할 수 없는 화합물도 적지 않게 있습니다.

20 예의 바른 분자? 액정

Keyword 결정 비결정 액정

화학 물질은 일반적으로 온도가 높을 때는 기체로 존재하다가 온도가 낮아지면 액체, 고체로 변합니다. 기체 상태에서는 분자끼리 끌어당기는 힘이 작용하지 않고 분자 하나하나가 흩어져서 자유롭게 날아다니므로 부피가 큽니다. 액체가 되면 불규칙적으로 움직이기는 하지만 분자끼리 끌어당기며, 강하게 끌어당길수록 끓는점이 높아집니다. 고체 상태에서는 분자가 정렬된 **결정**과 각자 멋대로 움직이는 **비결정**으로 나뉩니다. 같은 물이지만 눈은 결정, 얼음은 비결정입니다. 새하얀 눈이라는 표현이 있듯이 눈은 대표적인 흰색 물질인데, 흰색으로 보인다는 말은 가시광선을 이루는 모든 파장의 빛을 반사한다는 뜻입니다. 한편 얼음이 투명한 이유는 가시광선을 모두 통과시키기 때문입니다. 비결정 물질의 대표격인 유리가 투명한 이유도 마찬가지입니다.

그런데 흥미롭게도 액체면서 결정처럼 분자가 규칙적으로 정렬된 화합물도 존재하는데, 이러한 화합물을 **액정**Liquid crystal이라고 합니다. 액정은 전압을 받으면 빠르게 분자의 정렬 방향을 바꾸는 성질도

액정의 모식도

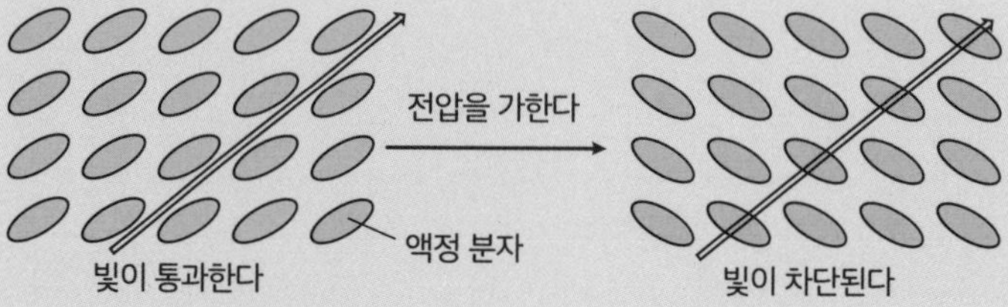

있습니다. 정렬 방향이 바뀌면 이전에는 통과했던 빛이 가로막히고, 반대로 가로막혔던 빛이 통과할 수도 있습니다.

이 원리를 응용한 제품으로 LCD TV, LCD 패널, 디지털시계 등이 있습니다. TV 화면에 액정이 들어가면서 화면은 크고 얇아졌고, 브라운관 TV는 시장에서 자취를 감췄습니다.

액정을 활용해서 TV를 만들려면 전압을 가했을 때 액정 분자가 반응하는 시간을 단축해야 합니다. 가령 일반적인 시계라면 응답 시간이 0.1~1초만 되어도 충분히 실용적입니다. 하지만 야구 중계라면 어떨까요? 프로 야구 선수가 홈런을 날린 야구공이 관중석으로 날아가기까지 약 3초 정도 걸립니다. 응답 시간이 1초씩 걸리면 홈런의 궤적은 보이지 않겠지요. 일단 야구방망이를 휘두르는 장면조차 볼 수 없으니 실시간 중계라고는 할 수 없겠지요. 그렇기에 응답 시간의 단축, 즉 성능 향상이 액정 화면 개발의 열쇠입니다. 흥미롭게도 앞(11 참조)

에서 설명한 카이랄성 분자 중 한쪽만을 사용하면 응답 시간을 단축할 수 있다는 사실이 밝혀졌습니다.

액정 화합물*

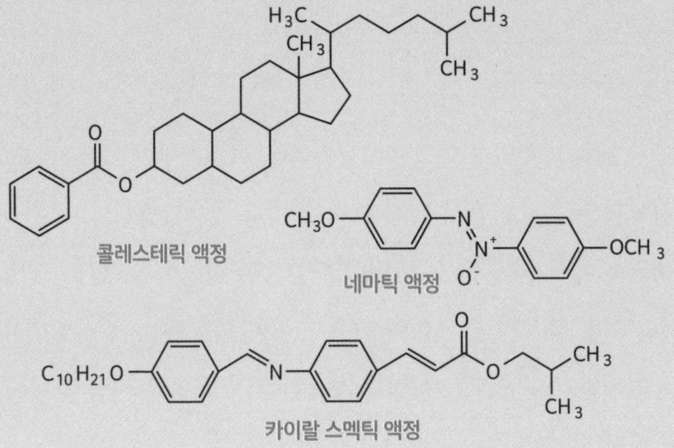

* 액정 화합물: 액정의 분자 배열 구조에 따라 콜레스테릭(Cholesteric), 네마틱(Nematic), 스멕틱(Smectic)으로 분류한다.

21 그을음과 다이아몬드의 공통점!

Keyword 비금속 그을음 다이아몬드 탄소 그래파이트 벤젠 고리 풀러렌 탄소 나노 튜브

먼 옛날 화학의 주역은 연금술이었습니다. 기원전부터 17세기 후반까지 사람들은 금을 만들어 내기 위해 온 힘을 기울였습니다. 철을 비롯한 **비금속**+에서 금을 만들 수 있다고 믿으며 열심히 노력한 사람들이 있었습니다. 끓이든 굽든 화학 반응으로 한 원소를 다른 원소로 바꿀 수는 없지만, 한편으로는 이렇게 무모한 시도를 해온 사람들 덕에 화학이 발전했다고도 할 수 있습니다.

본론으로 들어가 볼까요. 여러분은 **그을음**에서 **다이아몬드**를 만들 수 있다고 생각하시나요? '에이, 그럴 리가'라고 생각할지도 모르지만, 사실 가능합니다! 그을음과 다이아몬드는 똑같은 원소, 그러니까 **탄소**만으로 이루어진 물질이기 때문입니다. 겉으로는 전혀 다르게 보이는데 같은 원소라니 놀라울 따름이지요. 둘은 외형뿐만 아니라 화학적 성질도 전혀 다릅니다. 그 이유는 무엇일까요?

원인은 단순합니다. 탄소의 3차원 배열이 다르기 때문입니다. 그을음(화학명은 **그래파이트**)의 구조는 정육각형이 평면에 연결된 형태입

니다. **벤젠 고리**(19 참조)가 여러 개 결합한 구조지요. 그림 속 육각형의 꼭짓점이 전부 탄소입니다. 모든 탄소가 손을 4개씩 뻗고 있음을 볼 수 있습니다. 화학 결합이 평면으로만 연결된 게 아니라 평면에 연결된 탄소가 층층이 쌓인 구조이므로 떼어내기 쉬운데, 이 특징을 이용해서 만든 물건이 연필심입니다.

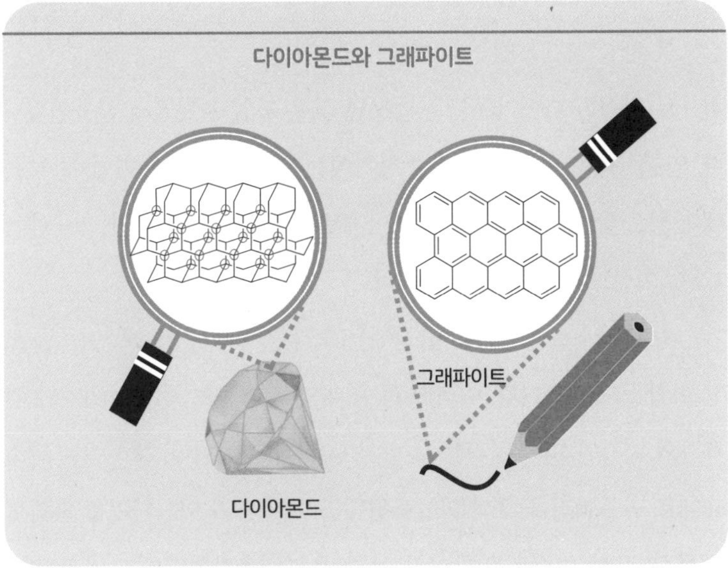

테트라포드Tetrapod(다리가 4개 달린 구조물이라는 뜻으로, 단일 결합 4개가 똑같은 각도로 이루어진 탄소의 입체 모형도 이에 포함된다_옮긴이) 형태의

✦ 공기 중의 산소나 수분 때문에 녹슬거나 부식하기 쉬운 물질이 **비금속**, 안정적이어서 잘 변하지 않는 물질이 **귀금속**입니다.

풀러렌

탄소 원자가 입체적으로 무수히 결합하면 다이아몬드가 만들어집니다. 옆에서는 알아보기 어렵지만, 중심부를 보면 정사면체를 머릿속에 그릴 수 있으리라고 생각합니다. 입체적으로 형태가 확실히 잡혀 있어서 쉽게 변형되지 않으며 화학 물질 가운데 으뜸가는 강도를 자랑합니다. 천연 다이아몬드든 인공적으로 합성한 다이아몬드든 엄청난 고온·고압 조건에서 만들어집니다. 인공 다이아몬드의 경우 초창기에는 작은 가루밖에 만들 수 없는 데다 강도를 이용한 절삭기와 연마제로밖에 쓸 수 없었지만, 최근에는 1캐럿 이상도 만들 수 있다고 합니다.

사실 탄소로 이루어진 물질에는 오각형과 육각형으로 만든 공 모양 화합물도 있습니다. 이러한 돔 형태의 건축물을 최초로 설계한 건축가의 이름을 따서 **풀러렌**Fullerene(C_{60})이라고 합니다. 풀러렌은 탄소 60개로 만들어진 최초의 화합물입니다. 축구공과 마찬가지로 육각형 20개, 오각형 12개로 이루어진 형태입니다. 육각형만 있으면 평면이 되지만 오각형이 섞이면서 탄소 60개로 이루어진 공 모양 분자가 만들어졌습니다. 이 화합물에 다양한 원자단을 결합하여 합성한 유도체는 기능성 물질로 활용됩니다. 육각형과 오각형의 비율을 바꾸면 튜브 형태의 화합물이 만들어지는데, 이를 **탄소 나노 튜브**Carbon nanotubes, CNT라고 하며 마찬가지로 기능성 물질을 만드는 데 쓰입니다.

미각과 분자 구조

17에서 단맛을 내는 분자의 구조를 소개했는데요, 여기서는 맛을 내는 데 빠뜨릴 수 없는 매운맛을 내는 분자를 소개하려 합니다. 맛의 5대 요소 중 짠맛은 염화소듐(NaCl)만으로 정해지지만, 언뜻 보면 비슷해도 전혀 다른 매운맛에는 여러 종류가 있다는 사실은 다들 알고 계실 겁니다.

후추의 매운맛 성분인 피페린과 고추의 매운맛 성분인 캡사이신은 벤젠 고리가 포함된 기본 골격에 산소가 결합했다는 공통점이 있습니다. 그런데 바닐라

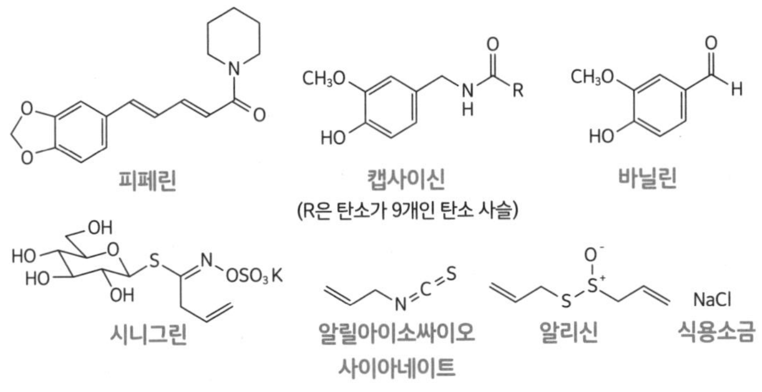

향기의 성분인 바닐린에도 똑같은 기본 골격이 있다니 신기한 일이지요.

일본 사람들은 고추냉이와 겨자를 엄밀히 구별해서 먹습니다. 둘 다 톡 쏘는 느낌은 비슷하지만, 회를 먹을 때는 고추냉이 대신 겨자를 찍어 먹진 않고 반대로 어묵을 먹을 때 고추냉이와 함께 먹는 사람도 없다고 합니다. 하지만 두 물질의 매운맛을 내는 공통 유효 성분은 시니그린에서 생성된 알릴아이소싸이오사이아네이트Allyl-isothiocyanate, AITC라는 황 화합물입니다. 향은 다른 미량 성분의 차이로 달라집니다. 고추냉이의 성분인 시니그린과 겨자의 성분인 알릴아이소싸이오사이아네이트의 구조를 비교해보면 둘 다 알릴기($CH_2=CH-CH_2-$)가 공통으로 있습니다. 알릴기는 마늘과 파의 향에 관여하는 성분인 알리신에도 들어 있는 치환기입니다.

제5장

생명을 지탱하는 자연

22

생명의 시작, 광합성

Keyword 에너지 탄수화물 단백질 지방 이산화탄소 화석 연료 광합성 포도당 산소 엽록소 식물

움직이는 모든 것은 **에너지**가 필요합니다. 자동차는 휘발유의 에너지로 엔진을 움직이고 전철은 전기 에너지로 모터를 움직이지요. 우리도 살아가고 움직이려면 에너지가 필요합니다. 자는 동안에도 심장과 폐는 움직이므로 조금이나마 에너지를 쓴다는 점은 변치 않습니다.

우리는 '먹어서' 에너지를 얻습니다. 음식의 3대 영양소는 **탄수화물**(당), **단백질**, **지방**입니다. 당분은 식물에서, 단백질은 주로 동물과 물고기에서, 그리고 지방은 동식물 양쪽에서 얻습니다. 동물은 무엇을 먹고 자라느냐 하면 다른 동물이나 식물을 먹습니다. 그리고 다른 동물에게 먹히는 동물은 무엇을 먹냐는 질문으로 거슬러 올라가면 결국 식물로 귀결됩니다. 인간, 사자, 소, 말, 새, 물고기, 곤충 모두 결국 식물이 있기에 생명을 유지할 수 있는 셈입니다.

그렇다면 식물은 어떻게 자랄까요? 식물은 동물과 달리 태양 에너지를 이용합니다. 태양 빛을 에너지원 삼아 **이산화탄소**와 **물**에서 당을 만들어내지요. 이산화탄소와 물은 우리가 음식을 먹고 배출하는 물

질이며 자동차가 휘발유를 이용해서 달리면서 내보내는 배기가스에도 들어 있습니다. 화력 발전을 통해 전기를 생산할 때 생기는 배기가스도 이산화탄소와 물입니다. 따라서 이산화탄소와 물은 음식이든 휘발유든 그 안에 들어 있는 에너지를 방출함으로써 만들어지는 가장 안정적인 화합물입니다(09 참조). 식물은 이 두 종류의 화합물에 태양 에너지를 주입해서 생물이나 자동차가 이용할 수 있는 형태로 만듭니다. 휘발유는 식물이 직접 만든 것이 아니라 아주 오랜 옛날 플랑크톤이나 식물, 조류藻類 등의 시체가 오랜 세월에 걸쳐 땅속에서 변화한 물질이지만, 기원을 거슬러 올라가면 결국 식물에 도달합니다. 원래 생물이었기 때문에 석유를 **화석 연료**라고도 부릅니다. 나무로 만드는 석탄도 화석 연료에 속합니다. 이산화탄소와 물과 태양 에너지로 당을 만드는 식물의 활동을 **광합성**이라고 합니다. 광합성 작용을 하는 식물은 물론 모든 생명이 광합성 덕분에 살아간다고도 할 수 있습니다.

광합성 반응식에서도 알 수 있듯 광합성을 하면 **포도당**과 **산소**가

광합성 반응식

$$\underset{\text{물}}{12H_2O} + \text{태양 빛} \xrightarrow{\text{(엽록소)}} \underset{\text{산소}}{6O_2} + \text{활성 수소}$$

$$\text{활성 수소} + \underset{\text{이산화탄소}}{6CO_2} \longrightarrow \underset{\text{포도당}}{C_6H_{12}O_6} + 6H_2O$$

$$6H_2O + 6CO_2 + \text{태양 빛} \xrightarrow{\text{(엽록소)}} C_6H_{12}O_6 + 6O_2$$

잎이 푸른 나무

만들어집니다. 태곳적 지구의 대기에는 산소가 없었지만, 식물이 광합성을 시작하면서 서서히 산소의 농도가 증가했고 오늘날에는 산소가 대기의 약 20%를 차지하기에 이르렀습니다. 금성이나 화성의 대기 성분 중 이산화탄소가 95% 이상을 차지하는 이유는 행성에 식물이 자라지 않기 때문입니다.

물론 이산화탄소와 물의 혼합물에 햇빛을 비춘다고 당이 만들어지지는 않는데, 광합성에는 **엽록소**와 **식물**이 일으키는 지극히 정교하고 치밀한 화학 반응의 조합이 필요하기 때문입니다(23, 29 참조).

23 나뭇잎은 왜 초록색일까?

Keyword **포도당 엽록소 활성 수소 엽록소 전분 마그네슘 이온 헤모글로빈 철 이온**

앞에서 식물의 광합성을 소개했는데요, 광합성은 이산화탄소와 물로 **포도당**을 만드는 화학 반응입니다. 공기 중에 이산화탄소와 물이 있고 태양 빛도 내리쬔다지만, 아무것도 없는 공간에서 포도당이 만들어지지는 않습니다. 포도당을 합성할 수 있는 생명체는 오직 식물뿐입니다. 식물의 잎에는 **엽록소**라는 화합물이 있고 엽록소가 있어야만 광합성을 할 수 있습니다. 이산화탄소와 물이 반응할 수 있도록 태양 에너지를 전달하는데, 이 과정에서 엽록소는 변하지 않습니다.

우선 태양 빛을 받고 활성화된 엽록소가 에너지를 물 분자에 전달합니다. 물 분자에서 산소와 **활성 수소**(수소 분자는 아니지만, 수소 원자를 포함하며 반응성이 높은 화학 분자)가 만들어지고, 활성 수소가 이산화탄소와 반응하면 최종적으로 당과 물이 만들어집니다(화학 반응식은 22 참조). 물 분자는 반응에 쓰이기도 하고 도중에 만들어지기도 하지만, 최초로 반응에 참여한 물 분자는 모두 산소 분자로 바뀌며 활성 수소와 이산화탄소의 반응으로 당이 만들어질 때 부산물로 물 분자가 만들어집니다. 모든 과정을 파헤치면 분자들이 이리저리 얽혀서 굉장히 복잡한 반응이며 엽록소 역시 매우 복잡한 구조의 화합물입니다. 정말 어떻게 이런 화합물이 '자연스럽게' 만들어져서 광합성이 시작되었을까 감탄할 따름입니다.

엽록소는 태양 빛의 모든 파장이 아닌 빨간색에 가까운 파장의 빛만을 이용합니다(08, 09 참조). 빛의 삼원색(빨강, 초록, 파랑) 중 빨간색만 흡수하고, 초록~파란색 빛은 반사합니다. 잎이 빨간색의 보색에 가까운 청록색으로 보이는 이유는 이 때문입니다. 일본 에도 시대의 시인 마쓰오 바쇼는 "고귀하구나 푸른 이파리 사이 비치는 햇살"이라는 시를 지었고, 19세기의 시인이자 작가인 다네다 산토카는 "헤치고 들어가도 헤치고 들어가도 푸른 산"이라는 시를 남겼습니다. 과거에도 '푸르다'와 '파랗다'의 의미를 구별해서 썼던 모양입니다.

잎에서 만들어진 포도당은 식물의 몸통을 지나 땅 밑에서 땅속줄기로 자라거나, 줄기 끝에 쌓여 쌀이 됩니다. **전분**이라는 이 물질의 정체는 포도당이 여러 개 연결된 화합물입니다. 식물을 지탱하는 줄기도 포도당이 여러 개 연결된 화합물이지만, 이쪽은 포도당과 별개인 셀룰로스Cellulose라는 화합물입니다(30 참조).

당은 가지 끝으로 이동해서 과일에 포함된 당분의 형태로 축적되기도 합니다. 한편 동물의 몸에서는 각 부위에 필요한 물질이 심장 박동에 따라 혈액과 함께 몸 구석구석으로 이동합니다. 하지만 식물의 구조 중 혈관에 해당하는 체관과 물관은 있지만, 심장에 해당하는 펌

프는 없지요. 잎에서 합성된 물질이 식물의 몸 구석구석으로 이동하는 원리는 정말 잘 만들어졌다고 생각합니다. 분자 펌프라고도 하는 모양인데, 과연 어떨까요?

벚나무는 잎이 나기 전에 꽃이 먼저 핍니다. 1년 동안 모아 둔 에너지를 이용해서 꽃을 피우는 것이지요. 씨앗에서 싹이 트는 원리 역시 감탄이 절로 나옵니다.

엽록소의 중심 부분에는 2가 **마그네슘 이온**(Mg^{2+})이 있으며 이 마그네슘 이온이 기능의 열쇠입니다. 동물의 혈액 속에서 산소를 운반하는 헤모글로빈과 매우 비슷한 구조인데, **헤모글로빈**은 마그네슘 이온이 아니라 2가 **철 이온**(Fe^{2+})과 결합한 구조입니다. 살아가는 데 필요한 기능을 담당하는 화학 물질의 구조가 식물에서도 동물에서도 같은 셈입니다.

엽록소의 구조

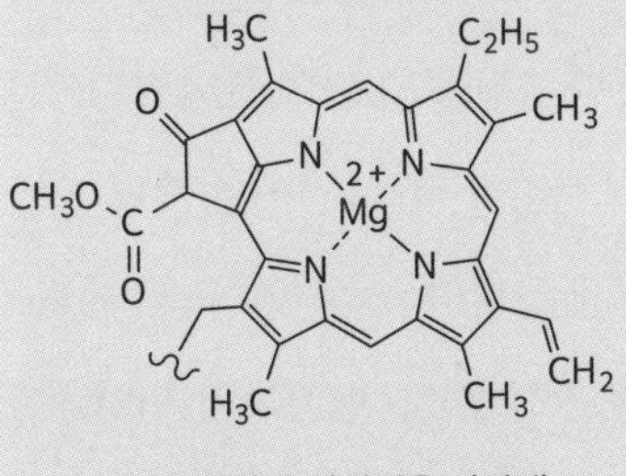

(∿)는 결합이 이어짐을 나타냄

헤모글로빈의 구조

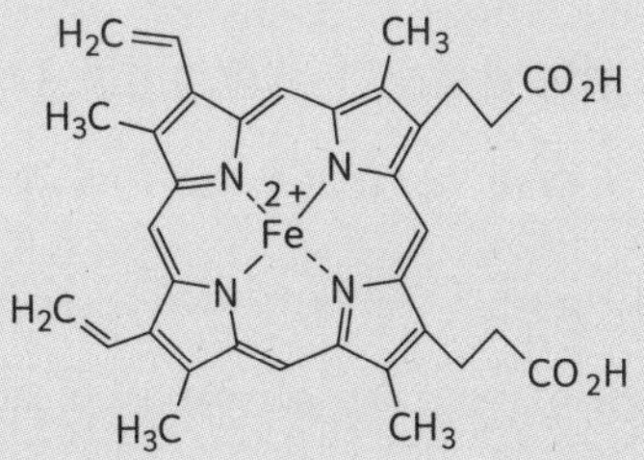

24 '잎열뿌'와 '질인포'

Keyword 질소 인산 포타슘 암모니아 질산
유기농법 화학 비료

식물을 키울 때 필요한 3대 비료가 있습니다. 다들 알고 있는 질소, 인산, 포타슘이지요. 제목의 '질인포'는 여기서 따왔습니다. '잎열뿌'는 잎, 열매, 뿌리의 줄임말로, 식물을 키울 때 필요한 비료의 각 성분에 대응하는 식물의 부위입니다. 다시 말해 **잎**을 키울 때는 **질소**가, **열매**를 키울 때는 **인산**이, 그리고 **뿌리**를 키울 때는 **포타슘**이 중요하다는 의미입니다.

식물에 가장 중요한 성분인 당은 C, H, O로 이루어져 있고 이산화탄소와 물로 만들 수 있으므로 비료가 필요하지 않습니다. 하지만 생명 활동에 중요한 여타 화합물을 만들 때는 비료 성분이 필요합니다.

쉽게 이해할 수 있는 인산과 포타슘부터 설명해볼까요. 인산(H_3PO_4)은 DNA에 없어서는 안 될 물질입니다. DNA는 모든 세포에 들어 있는데, 식물의 경우 다음 세대로 생명을 잇는 DNA가 씨앗에 들어 있습니다. 씨앗을 틔우고 열매를 맺으려면 인산이 반드시 있어야 합니다.

포타슘 이온(K^+)은 정보 전달에 중요한 요소로, 인간의 신경 전달에도 없어서는 안 될 물질입니다. 식물에서는 영양을 흡수하는 뿌리에 꼭 필요합니다. 무처럼 뿌리를 먹는 채소나 고구마에 특히 중요하지요. 인산이든 포타슘 이온이든 형태를 바꾸지 않고 동식물을 비롯한 생명체와 자연계를 순환하므로, 우리도 식물도 같은 물질을 영양분으로 섭취하고 있는 셈입니다.

그런데 DNA, 아미노산, 그리고 식물의 엽록소처럼 중요한 화합물의 구성 성분인 **질소원**(주요 화합물을 합성하는 데 필요한 질소 원자를 포함하는 유기물 또는 무기물_옮긴이)은 조금 다릅니다. 대기 성분 중 약 80%가 **질소 분자**(N_2)이지만, 안타깝게도 뿌리혹박테리아처럼 예외적인 미생물을 제외하면 생물은 질소 분자를 영양원으로 이용할 수 없습니다. 우리는 식사를 통해 질소가 포함된 화합물을 섭취하지만, 이는 단백질을 비롯한 유기 화합물입니다. 한편 식물이 이용할 수 있는 질소원은 **암모니아**(NH_3)나 **질산**(HNO_3)을 포함하는 화합물로 한정되며, 유기 화합물과는 전혀 다른 질소원입니다.

식물을 재배하는 방법 중 **유기농법**이 있습니다. 인산과 포타슘 이온은 인간과 식물에 공통으로 필요한 영양소이므로 문제가 없습니다. 그러나 유기 화합물에 암모니아와 질산은 포함되지 않고 유기 화합물은 식물에 전혀 영양가가 없습니다. 단백질과 아미노산처럼 질소를 포함하는 유기 화합물을 흙 속의 미생물이 분해하여 **화학 비료** 자체인 암모니아와 질산이 만들어질 때 비로소 식물이 영양분으로 활용할 수 있습니다. 그러므로 식물은 미생물이 맛있게 영양분을 만들 때까지 기다려야 합니다.

밭의 넓이와 작물의 종류를 통해 표준 수확량을 추정할 수 있고 이를 토대로 필요한 비료량을 계산할 수 있습니다. 식물의 성장에 따라 비료를 뿌리기에 적절한 시기가 존재합니다. 비료는 부족하지 않

잎·열매·뿌리는 질소·인산·포타슘을 비료 삼아 자란다

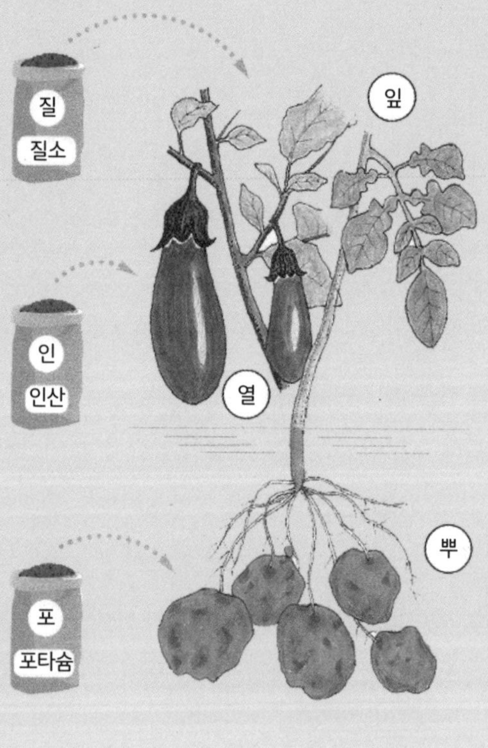

게 뿌리는 것이 중요한데, 이러한 관점에서는 적정량의 비료를 필요할 때 쉽고 효율적으로 줄 수 있는 화학 비료가 유기농 재배보다 좋습니다. 유기농 재배는 미생물이 비료를 식물의 영양분으로 바꾸는 시간이 필요하므로 화학 비료보다 비료를 뿌릴 시기를 가늠하기 어렵고 적정량을 판단하기도 쉽지 않습니다. 가령 질소가 포함된 유기 화합물이나 인산의 양이 지나친 탓에 식물이 전부 흡수하지 못하고 환경에 퍼진다면 강, 호수, 늪에 부영양화(물에 영양분이 과도하게 유입된 현상. 식물성 플랑크톤이 과잉 증식하여 용존 산소가 고갈되고 생물이 죽는 악순환의 원인이다_옮긴이)가 일어나고 맙니다.

유기 비료든 화학 비료든 식물이 영양분으로 섭취하는 물질은 똑같은 화학 물질입니다. 그러므로 화학 비료와 농약을 둘 다 화학 물질이라는 단순한 이유로 같은 취급을 하는 것은 확실히 잘못된 일입니다.

25

자외선은 왜 몸에 나쁠까?

Keyword **적외선 가시광선 자외선 이중 나선 핵 염기 비타민 D 칼슘 이온**

어떤 물체에서 방출되는 전자기파의 에너지는 그 물체의 표면 온도와 연관되어 있습니다. 태양의 표면 온도는 약 6,000℃이며 **적외선**, **가시광선**, **자외선** 등의 전자기파를 방출합니다(전자기파 세기의 비율은 51:37:12). 이러한 전자기파 중 자외선은 인간을 비롯하여 모든 생물에게 해롭습니다. DNA를 망가뜨리기 때문인데요.

DNA는 생물의 세포 하나하나에 들어 있습니다. 생식 세포의 DNA는 생물이 그 생물로 존재하는 데 필요한 모든 정보를 다음 세대로 전하는 역할을 합니다. 한편 세포의 대부분을 차지하는 체세포의 DNA는 세포 안에서 만들어지는 단백질의 설계도 역할이며 유전과는 관계없습니다. 사람으로 말하자면 같은 세포라도 신경 세포와 심장 세포의 기능이 다른 이유는 그 세포에서 발현될 DNA의 정보가 다르기 때문입니다.

DNA의 기본 구조는 사람이든 코끼리든 벼든 세균이든 모든 생물이 같습니다(27 참조). 전체적으로 **이중 나선** 구조의 끈처럼 생긴 물질인 DNA가 암호로 기능하기 위해서는 27에 나타낸 네 종류의 **핵 염기**Nucleobase라는 구성 요소의 배열 순서가 중요합니다. 각각의 앞 글자를 따서 **A, T, G, C**라고 부르는 핵 염기의 배열 순서에 따라 생물의 특징과 세포의 기능이 정해집니다. 자외선의 에너지는 생물에게 근본적으로 중요한 핵 염기를 분해하기에 딱 적당한 세기입니다. 그러므로 세포에 일정 시간 이상 자외선을 쬐면 DNA가 변형되어 세포는 죽음에 이릅니다. 빵집의 상품 진열장이나 이발소의 도구 보관함에 자외선 램프를 설치하는 이유는 빵이나 도구를 살균해서 청결하게 보관하기 위해서입니다. 본질을 따지면 미생물이든 인간이든 똑같이 세포로 구성되어 있으므로 살균 작용을 합니다. 즉, 인간의 세포에도 같은 효과를 준다는 의미입니다. 참고로 빵의 성분은 전분이어서 자외선을 쬐어도 아무런 영향을 받지 않습니다.

미생물을 이용하는 연구에서 의도적으로 돌연변이를 일으킬 때도 자외선을 비춥니다. 미생물 중 만분의 일 정도가 살아남을 정도로 자외선의 세기나 노출 시간을 설정하면, 살아남은 미생물에 어떠한 변이(DNA의 변화)가 일어났을 확률이 높습니다.

자외선이 사람의 건강에 나쁘게만 작용하는가 하면 사실 그렇지만도 않아서 고민입니다. **비타민 D**는 뼈와 이의 건강에 굉장히 중요하며 혈중 **칼슘 이온**(Ca^{2+}) 농도를 조절하는 데도 필요합니다. 따라서 적당한

세기의 자외선(햇빛)을 쬐어 활성화된 비타민 D를 일정 농도로 유지해야 합니다. 해변에 누워 피부를 지나치게 그을리는 것도, 방에 틀어박혀 있는 것도 건강에는 좋지 않으니 햇빛을 받으며 산책해서 건강을 지켜야겠지요.

비타민 D의 구조

비타민 D는 피부에서 프로비타민 D를 바탕으로 합성된다. 이 변환 반응을 일으킬 때 자외선이 필요하다.

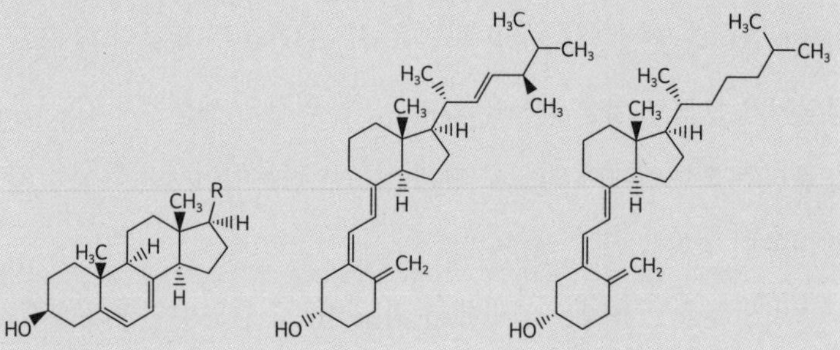

프로비타민 D　　비타민 D_2　　비타민 D_3

R 부분은 비타민 D와 동일

26 생명의 은인, 오존

Keyword 오존 오존층 자외선 산소 지구 달력
프레온 오존홀

태양이 내뿜는 자외선은 DNA를 파괴하므로 생물에게 해롭다는 사실을 앞에서 배웠습니다. 만약 태양에서 온 자외선이 가시광선과 마찬가지로 지표면에 내리꽂힌다면 생물은 지표면에서 살 수 없겠지요. 현실에서 지표면의 자외선량이 0은 아니더라도 일상생활에 위협이 되지 않을 정도의 세기인 이유는 상공에 존재하는 **오존**(O_3) 덕분입니다.

대기권의 오존은 대부분 상공 10~50km에 존재하는데, 이를 **오존층**이라고 합니다. 10km는 제트기가 다니는 높이로, 지표보다 기압이 매우 낮습니다. 기압은 5km씩 올라갈 때마다 약 절반으로 줄어들기 때문에 상공 10km의 기압은 지표의 약 사분의 일에 불과합니다. 만약 모든 오존을 1기압으로 압축하면 3~4mm 두께의 오존층이 형성되는데, 이 덕분에 동식물은 지표에서 살아갈 수 있습니다.

태양 빛이 오존층을 통과할 때 오존은 **자외선** 중 특정 파장 영역의 에너지를 소비하여 **산소**(O_2)로 변합니다. 그리고 정말 다행히도 자외선이 아닌 다른 파장 영역의 에너지를 통해 다시 산소에서 오존으로 바꿀 수도 있습니다. 이처럼 오존과 산소가 서로 왔다 갔다 하므로 양은 변하지 않으면서 둘 사이에서 자외선의 에너지만 대부분 소모됩니다. 오존이 있는 한 이 '자외선 감소 작전'을 영원히 지속할 수 있다니 정말 잘 만들어졌다고 생각하지 않으세요?

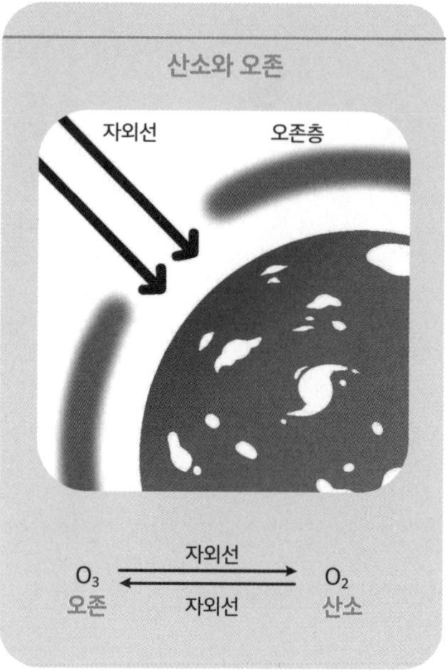

약 38억 년 전 태곳적 깊은 바닷속에서 광합성이 시작되었습니다. 광합성에 필요한 가시광선이 충분히 도달하지 않지만, 자외선도 거의 닿지 않았기에 DNA가 만들어진 후 파괴되지 않고 존재할 수 있는 깊이였습니다. 광합성이 시작되면 산소가 발생하고 (22 참조) 대기 속의 산소 농도도 조금씩 증가합니다. 그리고 이와 함께 오존이 만들어집니다. 그 결과 지표에 도달하는 자외선량이 감소하고 수면에 더 가까운 바닷속에서도 생명이 살 수 있게 되었습니다. 태양빛이 더 많이 도달함으로써 광합성의 효율이 높아져서 산소량이 점점 늘고 오존이 증가하는 연쇄 작용 끝에 마침내 생명체가 지상으로 진출할 수 있게 되었습니다. 식물이 가장 먼저 뭍에 올랐고, 양서류가 그 뒤를 따랐습니다. 지금으로부터 46억 년 전 지구가 탄생한 시점을 새해 오전 0시로 두고 현재까지의 지구의 역사를 1년으로 압축한 **지구 달력**에 의하면 11월 28일경에 있었던 일입니다. 1월 1일부터 11월 말까지 생물은 바닷속에서 살고 있었던 셈이지요(57 참조).

그런 줄도 모르고 인류는 한때 이 중요한 오존을 파괴하는 화합물을 만들었습니다. 그 당시 냉장고와 공조기의 열 교환기에 들어가는 냉매로 쓰였던 **프레온**입니다. 생물에게 독성이 없고 불에 타지 않는(불연성) 프레온 가스는 냉매로 쓰기에 더할 나위 없이 뛰어난 물질이었습니다. 그런데 남극 상공에서 오존층 가운데 오존이 없는 **오존홀**이 발견되었고, 원인을 파헤쳤더니 프레온 가스가 범인이라는 사실이 밝혀졌습니다. 프레온이 자외선에 의해 분해되어 만들어진 염소 원자(Cl·)가

프레온의 분해 및 염소 원자와 오존의 반응

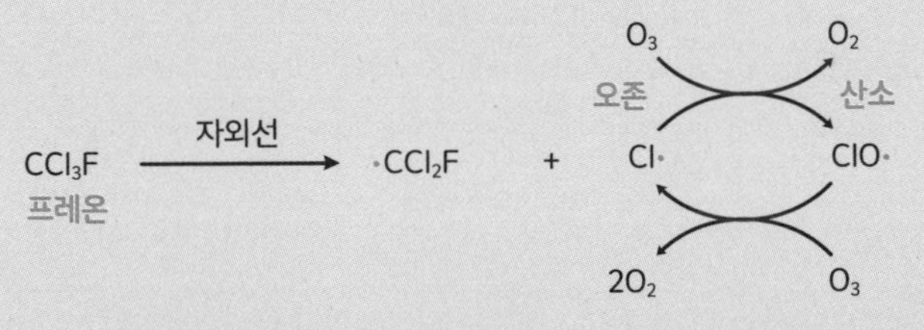

Cl·가 1개 생성되면 오존과 반응하여 ClO·(일산화염소)가 만들어진다. 일산화염소가 다시 오존을 분해해서 Cl·로 돌아간다. 이 반응을 반복하면서 오존은 무한히 줄어든다.

오존을 분해했기 때문입니다. 현재는 세계적으로 프레온 사용을 제한하고 있습니다.

제한 효소

바이러스는 사람이나 새뿐만 아니라 세균도 감염시킬 수 있습니다. 세균도 자기 몸을 지켜야 하기에 바이러스에 대항하는 무기로 제한 효소Restriction enzyme라는 특수한 효소를 가지고 있습니다. 이 효소는 1970년쯤 발견되었으며 지금은 여러 종류가 밝혀졌습니다.

제한 효소는 DNA에 특정 염기 서열이 존재하면 그 부위에 붙어 DNA를 절단(인산다이에스터 결합을 가수분해)하는 효소입니다(27 참조). 자신의 DNA에 존재하지 않는 염기 서열을 발견하면 '적이 왔다!'라고 느끼고 공격하는 원리입니다.

그리고 재미있는 사실이 있는데, 제한 효소는 이중 나선 사슬인 DNA의 특정 부위를 썩둑 자르는 것이 아니라 그림처럼 한 쌍의 절단 부위가 만들어지도록 사슬을 자릅니다. 전혀 다른 생물의 DNA를 같은 효소로 절단할 때도 똑같은 절단면이 만들어지지요. 절단면이 같다는 점을 이용하여 DNA를 이어붙이는 DNA 중합 효소DNA polymerase로 다른 생물에서 추출한 DNA를 원래 DNA 사슬 중간에 연결할 수도 있습니다. 이 기술을 유전자 조작이라고 합니다. 핵심

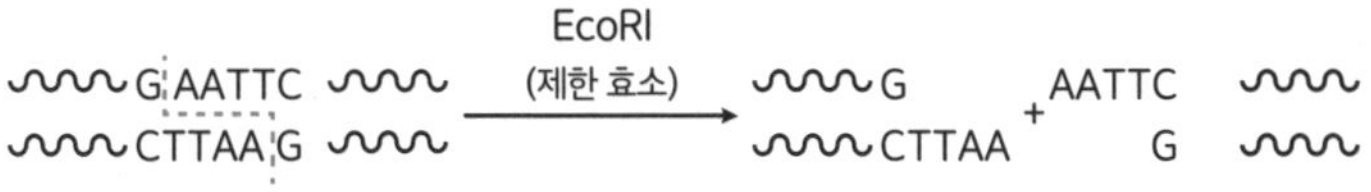

기술은 제한 효소 외에도 더 있지만, 제한 효소의 발견을 계기로 반세기 동안 유전자 공학, 생명공학, 단백질 공학 등의 분야가 급속도로 발전했습니다. 지금은 생명 윤리 관점에서도 신중하게 논의해야 할 수준까지 이르렀습니다.

제6장

생명체를 이루는 화합물

27 DNA 속 수수께끼의 암호: A, T, G, C

Keyword

DNA 이중 나선 구조 염색체 핵 염기
아데닌(A) 타이민(T) 구아닌(G) 사이토신(C)

DNA는 이중 나선 구조입니다. 인간의 DNA는 **히스톤**Histone이라는 단백질에 감긴 형태(염색체)이며 총 23종류의 염색체가 세포에 들어 있습니다. DNA를 길게 늘여서 전부 이으면 1.8m가 넘는다고 합니다. 최근에는 사람의 몸을 구성하는 세포의 수가 약 37조 개라는 설이 힘을 얻고 있는데, 이 가설에 따라 사람의 부피를 60L로 가정하면 한 변의 길이가 1mm인 정육면체에 약 62만 개의 세포가 존재한다는 말이 됩니다. 이 세포 하나하나에 1.8m의 끈이 들어 있다니 놀랍지 않나요?

DNA는 Deoxyribonucleic acid(디옥시리보 핵산)의 약자로, **디옥시리보스**Deoxyribose라는 당이 인산(H_3PO_4)과 붙은 형태로 여러 개 연결된 사슬 2개가 이중 나선을 형성하고 있습니다. 각각의 당에 A, T, G, C라는 기호로 표시하는 네 종의 핵 염기(117쪽 그림에서는 이중 나선 안쪽에 평면으로 뻗어 있습니다) 중 하나가 결합하고 있으며, 이 염기의 배열 순서가 DNA의 정보를 관장합니다. DNA에 담긴 정보를 통틀어 **유전체**Genome라고 합니다.

보통 DNA를 자식에게 부모의 성질을 전하는 물질이라고 생각하는데, 그러한 기능은 생식 세포의 DNA에만 있을 뿐, 체세포의 DNA는 유전 정보를 전달하지 않습니다. 그렇다면 체세포의 DNA는 어떤 기능을 할까요?

체세포의 DNA가 하는 역할은 간단히 말해서 해당 세포가 합성하는 단백질의 설계도입니다. 각 단백질에 대응하는 부분을 **유전자** Gene라고 합니다. 세포마다 발현하는 유전자가 다르므로 같은 DNA가 들어 있더라도 (간과 심장처럼) 세포의 기능은 다릅니다. 단백질은 20종의 아미노산이 200, 300개씩 순서대로 연결된 물질입니다(28 참조). 이 순서를 정하는 것이 바로 DNA를 구성하는 핵 염기 4종의 역할입니다. 네 종류의 암호로 스무 종류의 서로 다른 아미노산을 만들려면 어떻게 해야 할까요? 물론 일대일로는 대응할 수 없고, 핵 염기 두 종류를 조합해서 정보를 만든다면 총 4×4=16종류가 만들어지므

네 종류의 핵 염기

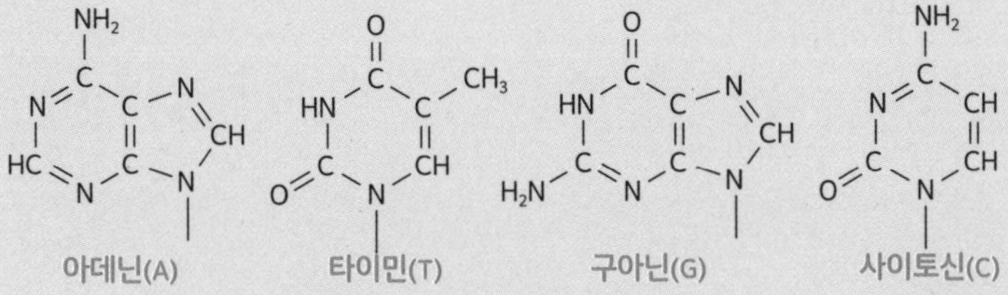

모두 디옥시리보스의 'N-'과 결합한다.

로 20종을 구별하기에는 부족합니다. 실제로 아미노산 하나를 만들 때는 핵 염기 3개를 조합합니다. 가령 염기를 AGC 순으로 나열하면 아미노산의 일종인 세린을 가리키는 식입니다. 세포 안에서 단백질이 합성될 때 A, T, G, C의 배열 순서에 따라 아미노산이 차례차례 만들어져 연결됩니다.

인산다이에스터 결합의 생성 반응(왼쪽)과 DNA 이중 나선(오른쪽)

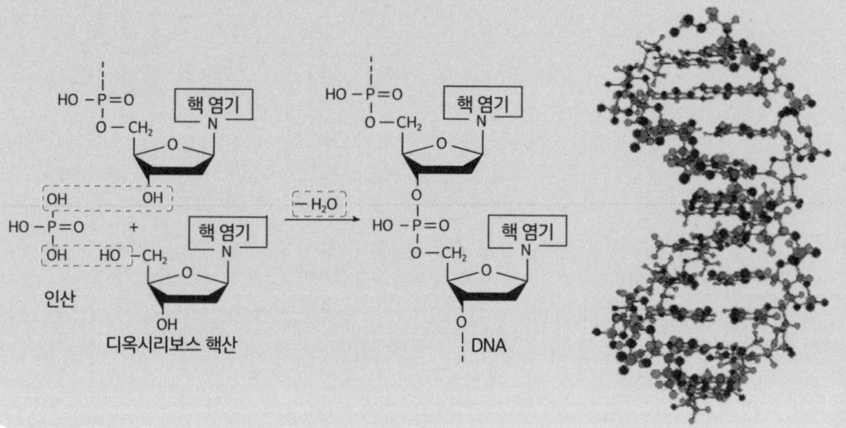

28 단백질과 필수 아미노산

Keyword 단백질 아미노산 구조 단백질 효소 수용체 항체
단백질의 변성 필수 아미노산

단백질은 생물의 몸을 구성하는 중요한 화학 물질로, 화학적으로는 아미노산이라는 화합물이 여러 개 연결된 물질입니다. **아미노산**은 **카복실산**(카복시기 -COOH를 가지는 화합물)에 **아미노기**(-NH_2)가 결합한 구조여서 붙은 이름입니다. 단백질은 대부분 아미노산 100여 개가 연결되어 만들어집니다. 단백질을 구성하는 아미노산은 20종으로, 121쪽 그림의 R 또는 R^1, R^2…… 부분이 다릅니다. R은 수소(H)일 때도 있지만, 탄소(C)를 포함한 원자단일 때도 있습니다. 이 20종의 아미노산은 모든 생물이 공통으로 가지고 있습니다. 그리고 네 종류의 핵 염기(27 참조)도 모든 생물에게 공통이라는 사실은 모든 생물이 같은 생물에서 진화했다는 가설을 뒷받침하는 근거입니다.

아미노산의 배열 순서와 삼차원 구조에 따라 단백질의 기능과 작용이 다른데, 크게 네 가지로 분류됩니다. (1) **구조 단백질** 근육과 힘줄(근육과 뼈의 이음새). (2) **효소** 세포 안 또는 밖에서 일어나는 특정 화학 반응의 속도를 빠르게 합니다. 한 번쯤 들어봤을 지방 분해 효소나 전

분 분해 효소는 세포 밖에서 분비되는 효소의 대표적인 사례입니다(45 참조). (3) **수용체** 우리는 혀 표면에 있는 **미뢰**라는 수용체를 통해 맛을 느끼고, 코점막에 있는 수용체로 냄새를 맡습니다(65 참조). 수용체는 몸 안에도 매우 많습니다. 호르몬 수용체가 대표적인 사례입니다. 호르몬 수용체에 호르몬이 결합하면 세포에서 작용이 나타납니다(67 참조). 이를테면 히스타민 수용체에 히스타민이 결합하면 알레르기 증상이 일어납니다(54 참조). 인플루엔자에 걸려 콧물이나 재채기가 나오는 현상도 이 알레르기에 해당합니다. (4) **항체** 바이러스와 세균이 침입했을 때 싸우는 전사로, 이 역시 정체는 단백질입니다(69 참조). 어떤 물질이 침입할지 모르기 때문에 항체를 만드는 세포는 다양한 구조의 항체를 만들 수 있습니다(69 참조).

특정 기능을 하는 단백질 (2)~(4)는 삼차원 구조가 독특한데, 기능을 발휘하는 데 꼭 필요한 형태입니다. 하지만 단백질은 열에 취약하므로 보통 40℃ 정도로 가열하면 삼차원 구조가 망가지고 기능을 잃어버립니다. 이를 **단백질의 변성**이라고 합니다. 단백질의 모양이 전체적으로 변한 탓에 미뢰와의 상호 작용이 바뀌며 맛도 이전과 다릅니다. 회와 구운 생선, 날달걀과 삶은 달걀처럼 겉모습이 달라져도 아미노산 자체는 그대로이므로 영양가는 같습니다.

생물은 약 38억 년 전에 탄생한 뒤로 계속 진화해왔습니다. 현생 인류의 조상인 호모 사피엔스는 약 20만 년 전에 나타났으며, 이른바 진화의 정점에 도달했습니다. 하지만 인간이라는 생물은 당을 원료 삼아 자신에게 꼭 필요한 아미노산을 전부 몸 안에서 합성하지 못합니다. 전부는커녕 다른 생물을 먹음으로써 영양분으로 섭취해야 하는 아미노산이 아홉 종류나 되지요. 영양학에서는 이러한 아미노산을 **필수 아미노산**이라고 합니다. 9종의 필수 아미노산의 이름은 각각 **트립토판**, **라이신**, **메싸이오닌**, **페닐알라닌**, **트레오닌**, **발린**, **류신**, **아이소류신**, **히스티딘**입니다. 참고로 미생물은 당으로 모든 아미노산을 직접 합성할 수 있습니다.

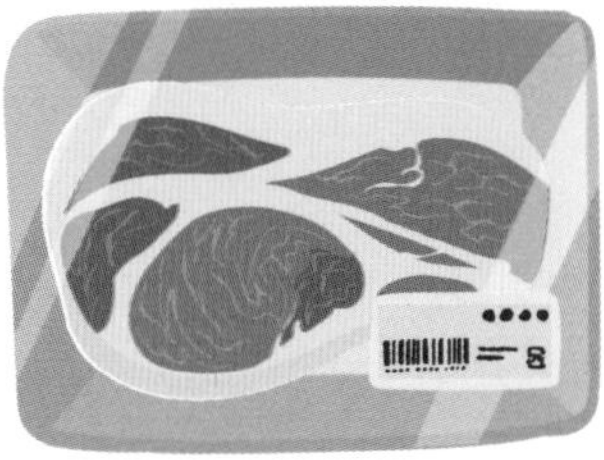

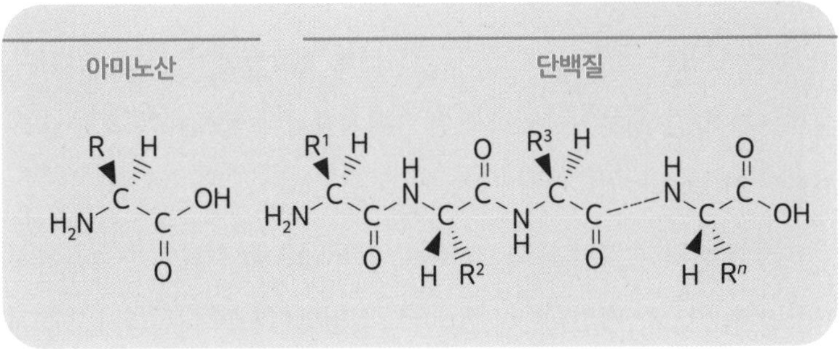

29

당: 식물이 만드는 생명의 근원

Keyword 당 슈크로스 탄수화물 포도당 셀룰로스 전분

당이라는 말을 들으면 다들 '설탕'을 생각할지도 모릅니다. 화학 분야에서 설탕을 일컫는 올바른 표현은 **슈크로스**Sucrose(자당)로, 당의 일종입니다. 당은 $C_nH_{2n}O_n$이라는 일반식으로 표기하는데, **탄소**(C)와 **물**(H_2O)이 결합한 물질로 볼 수도 있으므로 **탄수화물**이라고도 합니다. 실제로는 일반식보다 산소가 적은 **디옥시당**이나 **질소**(N)가 포함된 화합물도 있습니다.

자연에 가장 많이 존재하는 당은 **포도당**으로, 식물이 광합성으로 가장 먼저 만드는 당입니다. 22에서도 설명했다시피 이산화탄소 분자(CO_2) 6개와 물 분자 12개에서 산소 분자(O_2) 6개와 물 분자 6개, 그리고 포도당 한 분자가 만들어집니다. 실제로는 H_2O의 O가 전부 O_2로 변하며 CO_2의 O 중 절반이 H_2O로, 나머지 절반이 포도당의 OH로 변합니다. 다음 반응식에서 왼쪽 항과 오른쪽 항의 총 C, H, O 개수가 같은지 확인해주세요.

광합성의 화학 반응식

$$6CO_2 + 12H_2O \xrightarrow{\text{태양 에너지}} C_6H_{12}O_6 + 6O_2 + 6H_2O$$

$6CO_2$	$12H_2O$		$C_6H_{12}O_6$	$6O_2$	$6H_2O$
이산화탄소	물		포도당	산소	물

포도당의 구조식

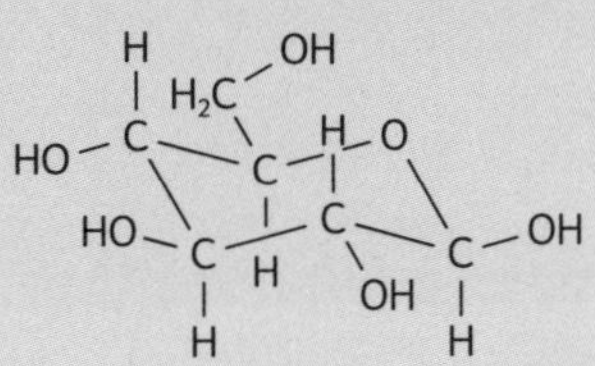

포도당

포도당의 구조식에서 C, H, O를 전부 표시하면 다음과 같은데, 산소를 포함한 의자 모양의 육각형 구조임을 알 수 있습니다. 좌우 양 끝에 있는 OH에서 H_2O가 분리되는 형태로 포도당이 여러 개 연결되면서 **셀룰로스**가 만들어집니다. 그리고 오른쪽 OH의 방향이 아래로 향하도록 바뀐 채 셀룰로스와 마찬가지로 여러 분자가 연결되면 전분이 됩니다. 셀룰로스는 굉장히 안정적인 화합물이며 오랜 시간 동안 식물의 몸통을 지탱하는 줄기나 광합성이 일어나는 잎 역시 셀룰로스로 이루어져 있습니다. 흙 속이나 공기 중의 미생물에 의해 분해되지 않는 데다 썩지도 않습니다. 식물이 살아 있는 동안 제대로 역할을 하려면 튼튼해야 하기 때문입니다. 그뿐만 아니라 셀룰로스로 만들어진 나무줄기는 굉장히 튼튼한 목재가 됩니다. 세계에서 가장 오래된 목조 건축물인 일본의 호류지 오층탑은 목재로 1300년이 넘도록 버텨왔습니다.

벼의 줄기는 셀룰로스이며 이삭에는 전분이 축적된다.

한편 전분은 다음 세대의 식물이 자라기 위한 영양분입니다. 그러므로 분해 대사(에너지를 얻기 위해 복잡한 분자를 분해하는 과정. 이화 작용이라고도 한다_옮긴이)되는 물질이어야 하는데, 이러한 관점에서 보면 전분은 뛰어난 화합물입니다. 움직일 수 없는 식물이 다른 동물과 미생물의 공통 영양원으로서 동물이 먹고 자라도록 진화한 방향은 크게 실패한 전략이었다고 주장하는 사람도 있습니다. 하지만 식물 덕분에 생물계 전체의 다양성이 확보되었으니 마땅히 감사해야 하지 않을까요.

식물은 자신을 지탱하기 위해, 그리고 자손의 영양을 위해 화학적 성질이 전혀 다른 셀룰로스와 전분이라는 두 종류의 화합물이 필요합니다. 두 화합물을 각기 다른 경로로 만드는 것이 아니라, 포도당을 생합성(생물이 세포의 작용으로 유기물을 합성하는 과정_옮긴이)한 다음 마지막의 마지막에 연결 방식을 바꾸어 두 화합물을 각각 만듭니다. 대자연의 현명함과 정교함에는 감탄을 금치 못하겠군요.

셀룰로스와 전분의 구조식

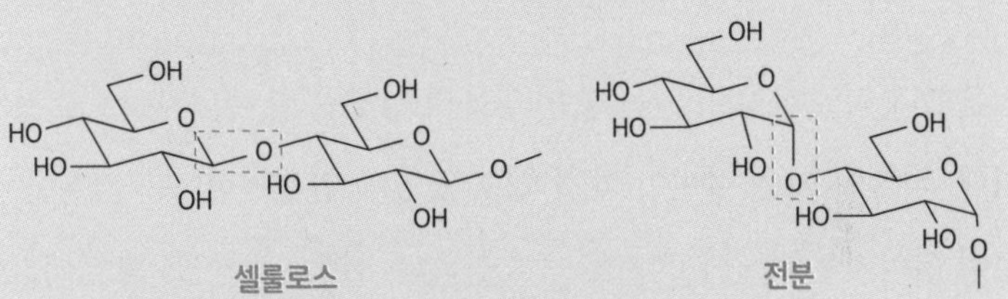

C와 C에 결합하는 H는 생략되어 있다.

30

당: 개는 감기에 걸리지 않는다고?

Keyword 당 신호 분자 당 사슬 적혈구 DNA RNA

전분이나 과일에 들어 있는 **당**은 생물의 영양원 및 에너지원으로 쓰입니다. 식물이 맺은 결실이 먹기 쉽고 맛있게 만들어졌다는 사실은 생물이 살아가는 데 근본적으로 중요합니다. 설령 영양학을 모르더라도 인간 이외의 생물은 먹고 싶은 것을 먹기만 하면 생명을 유지할 수 있기 때문입니다.

당에는 또 다른 중요한 역할이 있습니다. 바로 **신호 분자**로 작용한다는 점입니다. 신호라고 해도 교통 신호의 신호가 아닙니다. 세포는 자신이 어떤 세포인지 알리기 위해 당이 여러 개 연결된 **당 사슬**을 세포 표면에 가지고 있습니다. 29에서 포도당의 구조를 알아봤다시피 포도당은 -OH기를 여러 개 가지고 있으며 -OH기의 방향이 위인지 아래인지도 구별합니다. 게다가 오각형 고리 구조인 당도 있습니다. 두 당 분자가 각각 양쪽의 OH로부터 물 분자(H_2O)가 이탈하는 형태로 C-O-C 결합을 만들어 연결할 수 있으므로 구조는 각양각색입니다. 따라서 당은 신호 분자로 매우 적합합니다.

적혈구를 예로 들어 설명해볼까요. 적혈구에 A, B, O, AB형이 있다는 사실은 다들 아실 테지요. 이렇게 구별할 수 있는 이유는 바로 적혈구 표면의 당 사슬 때문입니다(여기서는 **기본 사슬**이라고 부르겠습니다). 어떤 혈액형이든 공통으로 적혈구 세포에 당 ①, ②, ③, ② 순으로 4개가 연결되어 있는데, A형에서는 사슬의 첫 번째 당 ②에 당 ④가 붙고 B형 적혈구에서는 당 ④ 대신 당 ②가 1개 더 붙습니다. O형 세포에는 아무것도 붙지 않습니다. 그리고 AB형 세포에는 A형 당 사슬과 B형 당 사슬이 둘 다 붙습니다.

기본 사슬의 당 ②에 자신과 다른 당이 결합한 혈액을 수혈하면 침입자가 들어왔다고 판단을 내려 항체가 공격을 개시합니다. 이를 거

혈액형과 적혈구 표면의 당 사슬

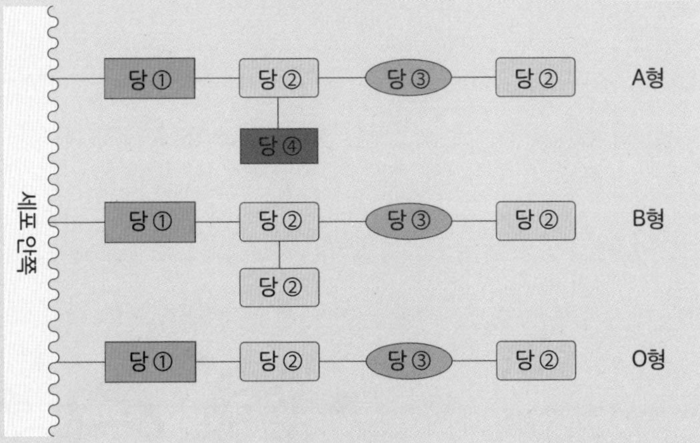

절 반응이라고 합니다. 따라서 A형 혈액을 B형인 사람에게 수혈할 수 없고, 그 반대도 불가능합니다. 두 번째 당에 서로 다른 당이 붙은 당 사슬끼리만 거절 반응이 일어난다고 생각하면 실제로 일어나는 반응 역시 설명할 수 있습니다. A형인 사람이라면 A형 또는 O형인 사람에게 피를 받을 수 있습니다.

바이러스의 본체는 **DNA** 또는 **RNA**인데, 스스로는 증식할 수 없고 살아 있는 세포에 침입해서 그 세포의 DNA 합성 작용을 이용해서 점점 증식합니다. 이 과정에서 아무 세포에나 침입할 수는 없고 이른바 상성이 존재합니다. 이를 구별하기 위해 바이러스는 감염하려는 세포 표면의 당 사슬을 인식함으로써 자신이 침입한 다음 세포 안에서 증식할 수 있는지 가늠합니다. "적이지만 훌륭하군" 하고 말할 수 있을지도 모르겠네요. 왜 인간을 감염시키는 인플루엔자 바이러스가 개는 감염시키지 못하는지 아시겠지요?

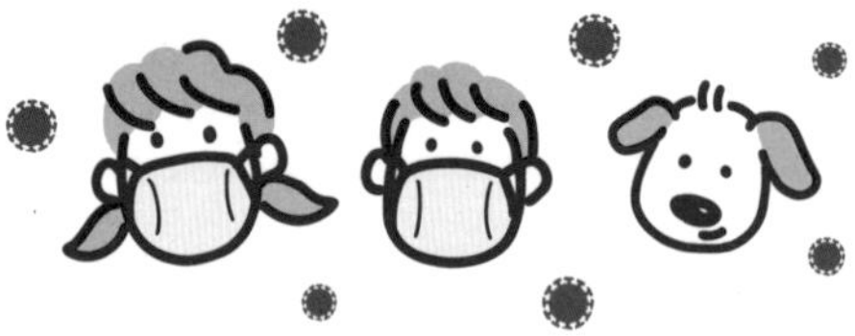

31 지질: 세포의 안과 밖을 나누는 경계

Keyword

지질 지방산 글리세린 베타 산화 아세틸 조효소 A TCA 사이클 지질 이중층

지질은 긴 탄소 사슬을 가진 **지방산**+과 **글리세린**이 결합한 화합물로, 지방산과 글리세린으로 간단하게 분해됩니다. 지방산은 탄소 사슬의 길이와 관계없이 탄소 사슬이 2개씩 절단되는 **베타(β) 산화**라는 화학 반응으로 분해 대사되어 최종적으로는 **아세틸 조효소 A**(아세틸 CoA)라는 화합물이 됩니다.++ 그리고 다시 **TCA 사이클**(시트르산 회로)이라는 과정을 거쳐 이산화탄소와 물로 분해되며, 이 과정에서 인간을 비롯한 생물은 에너지를 얻습니다. 즉, 인간이든 동물이든 지질을 몸 안에 저장하는 행위는 필요할 때를 대비해 에너지원을 비축하는 것이 목적입니다.

아세틸 조효소 A는 전분과 당분이 분해 대사될 때도 만들어집니

+ 화학 분야에서 부르는 일반명은 카복실산이지만, 영양학 분야에서는 지방을 구성하는 화합물이라는 뜻에서 지방산이라고 합니다.

++ 아세틸 조효소 A의 조효소 A(CoA) 부분은 구조가 복잡하므로 반응식에서는 생략했습니다.

다. 그런데 전분과 당분을 필요 이상으로 섭취하면 어떻게 될까요? 인간은 여분의 포도당을 글리코겐으로 바꾸어 저장합니다. 그런데 글리코겐으로 바꾸고도 아세틸 조효소 A가 남는다고 이를 그대로 저장하지는 않습니다. 아세틸 조효소 A에서 지방산으로 대사 경로를 역방향으로 거슬러 갈 수 있기 때문입니다. 따라서 최종적으로 탄소 사슬이 긴 지방산을 생합성합니다. 밥이나 과일을 먹으면 아세틸 조효소 A가 만들어지는데, 에너지를 사용하지 않으면 지질로 바뀌어 몸에 저장되는 셈이지요! "나는 기름진 음식은 안 먹고 밥이랑 과일만 먹는데 왜 살이 찔까?" 하고 고민하는 분들은 반응식을 찬찬히 들여다보시길 바랍니다.

글리세린에 지방산 두 분자와 인산 한 분자가 결합한 화합물을 인지질이라고 합니다. 다음 그림처럼 세포를 감싼 세포막은 인지질 이중층을 형성합니다(**친수성**, **소수성**에 관한 설명은 16 참조). 막 여기저기에 존재하는 단백질은 세포 안쪽에서 바깥쪽으로 관통한 형태로 중요한 역할을 합니다. 여기에 당 사슬(30 참조)이 매달려 있습니다.

지방은 글리세린과 지방산으로 분해되어 아세틸 조효소 A가 된다

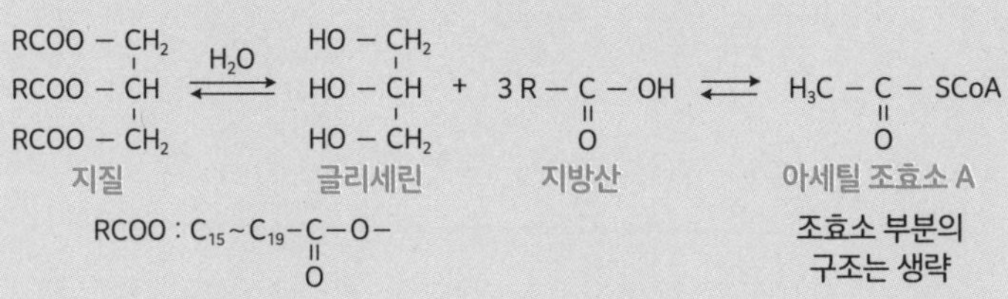

전분으로 아세틸 조효소 A를 만들 수 있다

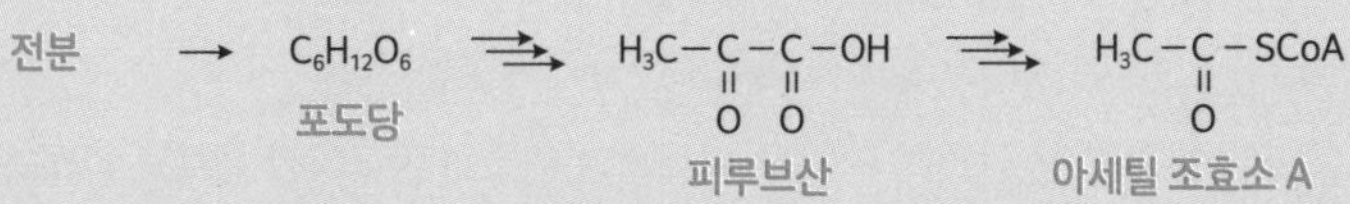

세포 안팎을 나누는 지질 이중층

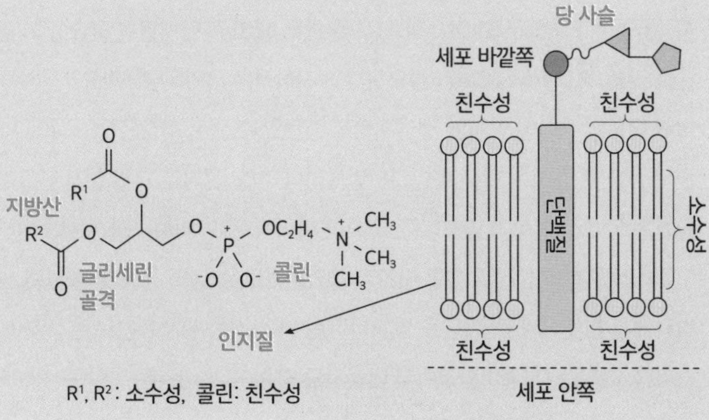

DNA, RNA, 단백질 중 무엇이 먼저일까?

세포 안에서 단백질이 생합성될 때 단백질의 아미노산 배열을 결정하는 것은 DNA의 염기 서열입니다. DNA의 염기 서열 중 일부가 RNA로 전사 Transcription(DNA의 유전 정보를 바탕으로 RNA를 합성하는 과정_옮긴이)되고, RNA의 염기 서열에 따라 만들어진 아미노산들이 연결됩니다.

세포가 분열할 때 당연히 DNA도 복제되며 새롭게 만들어진 세포도 원래와 같은 DNA를 가지고 있습니다. DNA의 복제본을 만들려면 DNA 중합 효소, 즉 단백질이 필요합니다. 그리고 위에서 "DNA의 염기 서열 중 일부가 RNA로 전사되고"라고 간단하게 말했지만, DNA를 주형으로 RNA를 합성하려면 RNA 중합 효소가 필요합니다.

흠, 골치 아프게 됐군요! DNA와 RNA를 만들 때 효소 단백질이 필요하고, 단백질을 만들 때 DNA와 RNA가 필요하다면 시작점은 무엇이었을까요?

여러 이론과 가설이 있지만, 정답이라고 단언할 수 있는 확증은 없습니다. RNA 중 촉매 작용을 하는 RNA가 발견되었습니다. 이를 근거로 제일 먼저 만들어진 물질은 RNA라는 설이 있습니다. 그러나 화학적으로 RNA는 DNA보다 인산다이에스터 결합이 잘리기 쉽고 구조가 불안정하므로, 펄펄 끓는 물 같았던 원시 바다에서 만들어져 제 기능을 발휘하기는 어렵다는 반대 의견도 설득력이 있습니다. 정답은 영원히 밝혀지지 않을지도 모릅니다. 생명은 그만큼 수수께끼로 가득한 기적의 존재랍니다.

제7장

천연물에서 공장 생산으로

32

화학에서 말하는 '만들다'의 의미

Keyword
발효 화학 공업 하버-보슈법 암모니아 합성 질산염
질소 비료 퍼킨의 염료 합성 콜타르

'만들다'라는 단어를 사전에서 찾아보면 여러 의미가 나옵니다. "집을 만들다", "저녁 식사를 만들다", "회사를 만들다", "술을 만들다", "토마토를 만들다"처럼요. 이 중 화학적으로 "무언가를 만들다"와 비슷하게 쓰이는 사례는 "술을 만들다", "토마토를 만들다"입니다. 재료를 조합하거나 짜 맞추어 새로운 기능을 가진 무언가로 완성하는 과정과 달리, 화학에서 말하는 '만들다'는 원자와 원자의 결합을 바꾸어 새로운 물질을 만드는 과정입니다. 자연에서 일어나는 반응이든 공장에서 일으키는 반응이든 근본적으로는 같습니다. 당분이 알코올로 변화하고 이산화탄소와 암모니아 등의 물질이 토마토 열매로 변화하듯 술도 토마토도 각종 화학 반응의 결과입니다. 술을 빚을 때 이용하는 **발효** 반응에서는 결과물을 알면 원료를 알 수 있고, 토마토 열매를 수확하려면 토마토 씨를 뿌려야 합니다. 하지만 화학적으로 무언가를 '만들려면' 이보다 더 복잡한 과정을 거쳐야 합니다.

화학 공업에서는 무언가를 만들 때 결과물을 알아도 원료를 직관적으로 알 수 없는 경우가 대부분입니다. 출발 물질이 A일 때와 B일 때 중 어느 쪽이 더 효율적으로 결과물에 도달할지 다양한 관점에서 비교해야 합니다. 게다가 결과물이 구체적이지 않고 '이러한 성질과 기능을 가진 물질'처럼 막연할 때도 있습니다. 저렴하고 우수한 성질의 물질을 안전하게 만들려면 어떻게 해야 하는가를 두고 모두가 경쟁하고 있습니다.

과장된 표현을 빌려 공산품이 '인류를 구원한 사례'를 들자면 공기 중의 질소에서 **암모니아**(NH_3)를 **합성**할 수 있게 한 **하버-보슈법**의 발명이 있습니다. 질산소듐($NaNO_3$) 같은 **질산염**과 암모니아는 농작물을 키우는 데 꼭 필요한 비료 성분으로, 암모니아 합성법이 밝혀지기 전까지는 천연자원인 칠레 초석으로 만들었습니다. 하지만 전 세계 인구가 늘어나면서 기존 방법으로는 생산량을 따라잡을 수 없었기에 새로운 **질소 비료** 합성법을 찾아야만 했습니다. 사람들은 공기에 무한하게 존재하는 **질소 분자**(N_2)가 비료를 만들 원료라고 생각했습니다. 화학 반응식으로 나타내면 간단하지만, 질소 분자는 매우 안정적이고 반응성이 낮아서 합성 반응을 일으키기 매우 어려웠습니다. 실제로는 1906년에 프리츠 하버Fritz Haber와 카를 보슈Carl Bosch가 암모니아 합성 반응을 공업 규모로 진행할 수 있는 합성법을 발명했습니다. 고온·고압이라는 조건이 필요하지만, 최근에는 그 당시보다 낮은 온도에서 합성할 수 있도록 발전했습니다. 하버와 보슈의 제조법이 확립되면서 식량 사정이 개선되었고 세계의 인구도 증가했습니다.

암모니아의 합성

$$N_2 + 3H_2 \xrightarrow{\text{촉매}} 2NH_3$$

초창기에 화학 공업을 성공적으로 이끈 사례로 영국의 화학자 **윌리엄 퍼킨**William Henry Perkin**의 염료 합성**을 꼽습니다. 퍼킨은 독일의 화학자 아우구스트 폰 호프만August von Hoffmann의 조수로 일하면서 자신이 관심을 두고 있던 연구도 남몰래 병행하고 있었습니다. 1856년, 퍼킨은 당시 석탄에서 석탄 가스를 채취하면서 생긴 폐기물인 **콜타르**로부터 빨간색과 보라색을 비롯해 매우 귀중한 염료를 만드는 방법을 발견했습니다. 우연히 행운이 찾아온 덕도 있었지만, 자신의 실험을 염료와 결부하여 생각한 퍼킨의 기지가 있었기에 성공할 수 있었습니다 (34 참조).

화학적으로 제품을 만드는 과정

원료 및 셰일 오일 채굴 → 원유 정제 및 제품의 원료 제조 → 플라스틱, 합성 섬유 등으로 만든 제품

33 암모니아: 인류를 구한 대발견

Keyword 암모니아 질산 이온 암모늄 이온 질산소듐 하버-보슈법 뿌리혹박테리아 요소

암모니아(NH_3)는 평상시 벌레에 쏘였을 때 바르는 약의 성분으로 유명하지만, 식물의 성장에 필요한 영양소라는 더 중요한 역할이 있습니다. 질소(N)가 포함된 생체 물질은 DNA와 단백질이 대표적이지만 그 밖에도 많으며 살아 있는 모든 생물은 질소가 있어야 합니다. 질소는 다양한 화합물의 형태로 세상에 존재하지만, 식물이 영양분으로 섭취할 수 있는 화합물은 **질산 이온**(NO^{3-})과 **암모늄 이온**(NH^{4+})뿐입니다. 공기 중의 질소 분자(N2)를 영양분으로 섭취할 수 있었다면 식물과 인간에게 매우 바람직했겠지만, 아쉽게도 그렇지는 않습니다. 그래서 옛날에는 칠레 초석을 비료로 사용했습니다. 칠레 초석의 화학명은 **질산소듐**($NaNO_3$)입니다. 식량 생산량의 한계는 칠레 초석의 채굴량과 직결되었고, 전 세계의 인구가 늘어나면서 이는 심각한 문제로 발전했습니다.

공기 중에 있는 질소 분자(N_2)로 암모니아를 만들 수 있다면 질소 비료에 관한 걱정도 사라지겠지요. 많은 사람이 시도한 가운데 독

일의 화학자 **프리츠 하버**가 변환에 성공했습니다. 물론 암모니아 합성 반응은 굉장히 일으키기 어려웠던 탓에 좀처럼 이루어지지 않았습니다. 최종적으로는 철 계열 화합물을 **촉매**(반응을 빠르게 하는 화합물)로 택한 다음 고온(당시 기준 1,000℃ 이상, 최근 공법으로는 500℃ 정도)·고압(200기압) 조건에서 반응을 일으킴으로써 하버는 암모니아를 합성하는 데 성공했습니다. 이후 1906년, 마찬가지로 독일의 화학자 **카를 보슈**가 **하버-보슈법**이라는 이름으로 합성 공정을 확립했습니다. 100년이 넘게 지난 지금도 하버-보슈법은 개량을 거듭하여 암모니아를 합성할 때 이용되며, 합성된 암모니아는 최종적으로 질소 비료로 농업에 쓰입니다. 달리 말하자면 전 세계 사람들에게 식량을 제공했다고 할 수 있습니다.

암모니아는 비료뿐만 아니라 공산품의 원료로도 쓰입니다. 제8장에서 설명할 나일론과 아크릴로나이트릴처럼 질소가 포함된 고분자 화합물을 제조할 때도 반드시 들어가는 원료입니다.

특정 미생물은 상온·상압 조건에서도 질소 분자로 암모니아를 만드는 엄청난 일을 해냅니다. 가장 유명한 종은 **뿌리혹박테리아**입니다. 콩과科 식물의 뿌리에 기생하면서 공기 중의 질소로 암모니아를 만드는 뿌리혹박테리아 덕분에 콩과 식물은 암모니아를 양분 삼아 자랄 수 있습니다. 그래서 콩과 식물은 질소 비료가 필요하지 않습니다.

인간은 질소가 포함된 단백질과 비타민을 영양소로 섭취합니다. 단백질과 비타민이 분해 대사되어 만들어진 암모니아는 몸에 해로우므로 인간은 암모니아를 이산화탄소와 반응하여 만들어진 **요소**의 형태로 오줌과 함께 배출합니다. 요소는 즉효성이어서 토양을 산성화하지 않는 뛰어난 비료였기에 옛날에는 오줌을 거름으로 쓰기도 했습니다.

요소의 합성

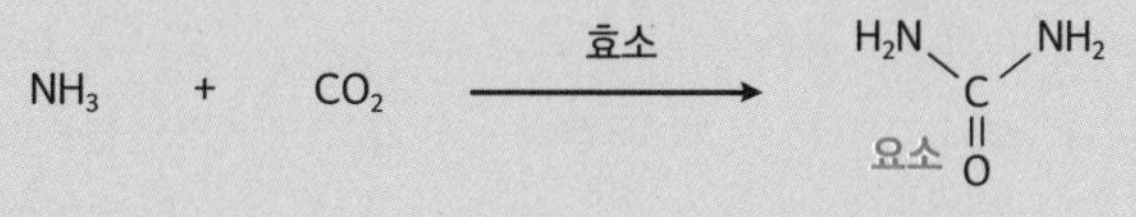

세계의 인구 추이

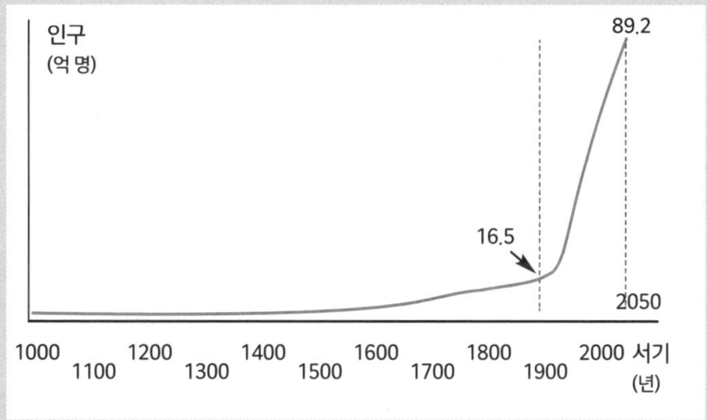

34

석탄의 선물: 빨간 드레스

Keyword 퀴닌 윌리엄 퍼킨 아닐린 염료 콜타르 아조 염료 인디고 류코인디고

1856년, **윌리엄 퍼킨**은 런던 동부의 주택에서 휴가 중이었지만 교수로부터 지시를 받고 말라리아의 특효약인 **퀴닌**에 관한 실험을 하던 중이었습니다. 그는 특정 실험 과정을 거쳤을 때 **아닐린**(구조식 참조)이 보라색 물질로 변하는 현상을 발견했습니다. 이 물질을 물감이나 염료로 이용할 수 있겠다고 직감한 퍼킨은 교수에게 알리지 않은 채 친구와 연구를 진행했습니다. 퍼킨은 염료 업자에게 샘플을 보내 이 화합물을 견직물의 **염료**로 쓸 수 있다는 사실을 확인했습니다. 당시 퍼킨의 나이는 18세였습니다. 그가 아닐린이라고 생각했던 물질에 불순물로 섞여 있던 유사 화합물이 결과적으로는 염료의 원료가 되다니, 행운이 아닐 수 없습니다. 하지만 곧장 염료와 결부해서 생각할 만큼 번뜩이는 퍼킨의 재치도 무시할 수는 없겠지요.

윌리엄 퍼킨
(1838~1907)

퍼킨이 만든 염료의 기본 골격은 다음

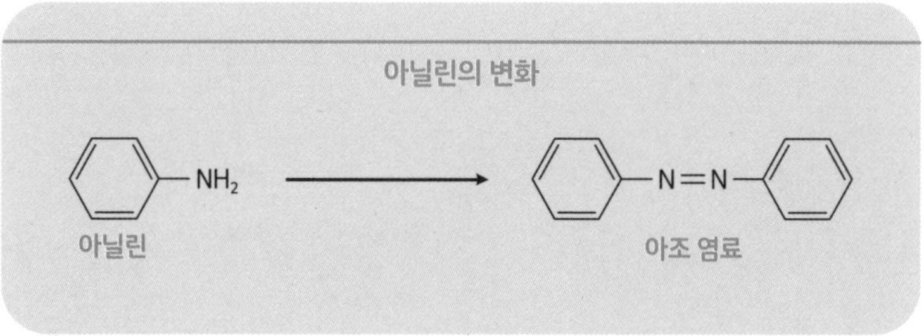

과 같은 구조식으로 나타냅니다. 벤젠 고리의 수소는 CH_3, OH, SO_3H 등 각종 원자단으로 바뀔 수 있습니다(치환기라고 합니다). 치환기의 구조에 따라 색이 달라지는 성질을 응용하면 다양한 색의 염료를 합성할 수 있습니다.

당시의 염료는 식물은 물론 동물, 해산물 등의 생물로부터 극히 소량밖에 추출할 수 없었기 때문에 하나같이 매우 비쌌습니다. 퍼킨이 합성한 염료의 원료는 아닐린과 아닐린의 유사체였습니다. 이는 석탄에서 석탄 가스나 코크스를 만들 때 생성되는 부산물인 **콜타르**에 들어 있는 화합물이었기에 따로 구할 필요가 없었습니다. 합성 반응 역시 퍼킨이 자기 집에서 실험한 결과를 보고 상상할 수 있었다시피 오늘날에는 전문가가 아니더라도 해낼 수 있을 만큼 간단한 실험이었습니다. 실제로 여러 대학에서 학부생 실험 과정의 초기 단계로 아닐린의 합성을 배웁니다. 고급 염료가 매우 싼 가격에 풀리면서 일반 시민들도 선명한 색의 옷을 입게 된 것도 이 시기부터입니다. 제대로 특허권을 취득한 퍼킨은 큰 부자가 되었습니다. 우연히 찾아온 행운을 놓치지 않

아조 염료의 구조와 색

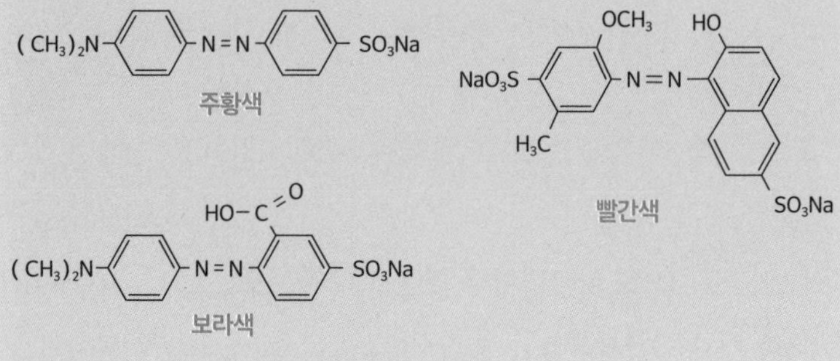

고 엄청난 발견으로 발전한 전형적인 사례이지요. 위의 그림은 대표적인 **아조 염료**(아조기(-N=N-)를 가진 방향족 화합물로, 색상이 선명해서 염료로 쓰인다_옮긴이)의 구조와 색을 나타냈습니다.

그 이후로 화학 기업에서 다양한 색의 염료를 합성하기 시작했습니다. 그중 하나가 **인디고**(남색)입니다. "푸른색은 쪽에서 얻지만 쪽보다 푸르다(청출어람)"라는 옛 격언에서 말하는 쪽빛의 파란색 성분이 인디고로, 독일 기업에서 합성하는 데 성공했습니다. 인디고 염료는 물에 잘 녹지 않기 때문에 그대로 염색에 쓸 수 없습니다. 이때 OH기를 2개 가진 류코인디고Leucoindigo(류코는 '하얗다'라는 의미의 그리스어로, 인디고를 류코인디고로 환원하면 인디고의 푸른색이 사라진다_옮긴이)라는 화합물로 만들면 친수성이 높아져 물에 잘 녹습니다. 이 화합물을 섬유에 흡착시키고 공기 중에 두면 다시 수소 원자가 2개 적은 인디고가

되어 파란색이 돌아옵니다. 바로 청바지 색으로 말이지요.

인디고와 류코인디고의 구조

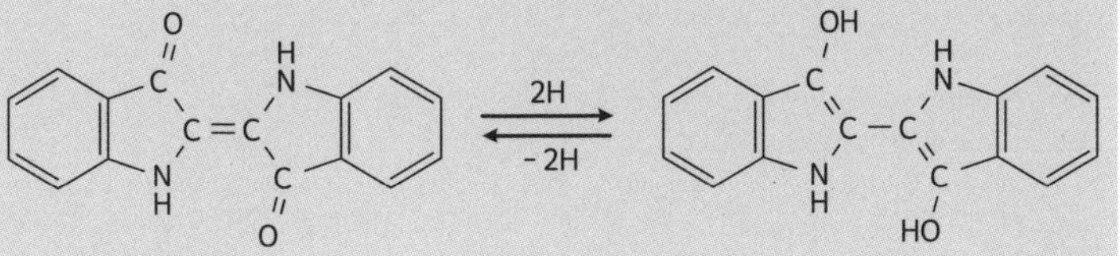

인디고 류코인디고

35

아스피린: 버드나무 잎에서 발견한 항염증제

Keyword

아스피린 살리실산 페놀 항균제 살바르산 비소

아스피린은 의사의 처방 없이도 살 수 있는 대표적인 의약품입니다. 염증을 가라앉히고 아픔을 억제하는 효과가 있으며 해열제로 복용하는 사람도 적지 않습니다. 하지만 혈액이 잘 응고되지 않는 부작용이 있으므로 복용할 때 주의가 필요합니다.

버드나무 잎에 아픔을 완화하고 열을 내리는 효과가 있다는 사실은 고대 그리스 사람들도 알고 있었습니다. 19세기에는 이 성분의 정체가 살리실산으로 밝혀졌습니다. 진통제로 쓰이는 살리실산이었지만 그 자체에는 위장 장애를 일으키는 심각한 부작용이 있었습니다. 이 부작용을 억제하기 위해 다방면으로 연구가 진행되었습니다. 독일의 바이엘이라는 제약 회사에서 살리실산으로 간단하게 합성할 수 있는 아세틸살리실산을 만들었을 때 부작용이 억제되는 결과를 발견하고 아스피린이라는 이름으로 팔기 시작했습니다. 1899년, 세계 최초의 합성의약품이 만들어졌습니다. 이후 120여 년이라는 시간이 흐른 지금까지도 쓰이고 있다니 놀랄 만큼 수명이 긴 약입니다.

아스피린의 합성

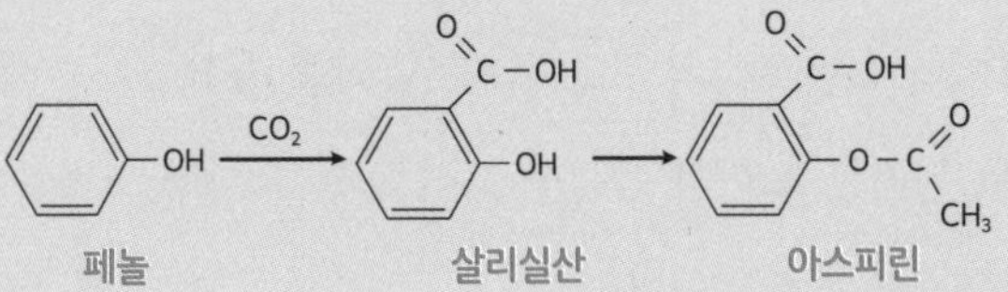

아스피린의 원료인 **페놀**은 무려 **석탄**에서 채취합니다. 공기에 접촉하지 않는 환경에서 석탄을 가열하면 석탄에 들어 있던 휘발성 성분이 증발하는데, 페놀은 그 대표적인 화합물입니다. 살균 작용이 강해서 옛날에는 병원 입구 앞에 손 소독용으로 물에 희석한 페놀 용액을 두었다고 합니다. 페놀과 이산화탄소(CO_2)를 반응시키면 살리실산이 만들어집니다. C-H 결합에 이산화탄소가 끼어든 구조입니다. 버드나무 잎에서도 같은 반응이 일어난다고 추정되는데, 식물에서 석탄이 만들어지는 과정과 무언가 관계가 있을 법합니다.

화학 합성으로 만든 최초의 **항균제**는 매독의 특효약으로 등장한 **살바르산**입니다. 등장 시기는 1910년으로, 일본의 과학자 하타 사하치로秦佐八郎와 독일의 과학자 파울 에를리히Paul Ehrlich가 공동 연구로 개발한 성과입니다. 앞에서 석탄에 들어 있는 화합물에서 색이 선명한 염료를 합성하는 과정을 소개했는데요. 이 염료 화합물의 기본 골격에서 **질소**(N)를 주기율표 바로 아래 칸에 있는 **비소**(As)로 치환한 화합물이 살바르산입니다. 애당초 두 사람의 목표도 염료가 아니었을까 상상

해봅니다. 비소는 독성이 강한 원소이므로 현재는 살바르산을 약으로 사용하지 않습니다.

처음에는 살바르산의 구조가 As=As 이중 결합이라고 생각했지만(그림 왼쪽), 현재는 As끼리 삼각형 고리 또는 오각형 고리를 형성(그림 오른쪽)한다고 추정 중입니다.

살바르산의 구조

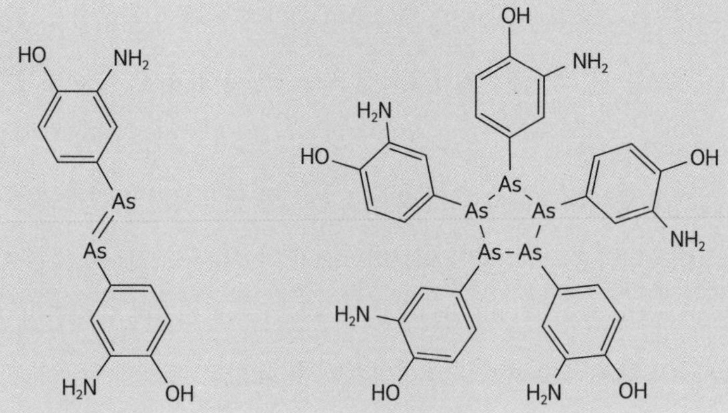

왼쪽이 최초에 제시된 구조, 오른쪽이 현재 추정 중인 구조다.

36 유리 회사가 만든 약: 마취제

Keyword 마취제 탄소 플루오린 플루오린 화합물 테플론 플루오린화수소 유리

외과 수술을 진행할 때 전신 마취를 빠뜨릴 수 없습니다. 마취제를 쓰지 않고 가슴을 열어 심장 수술을 한다니 생각만 해도 무섭군요. 이러한 수술에 쓰이는 전신 마취제는 수술 부위뿐만 아니라 온몸으로 퍼지므로, 신경의 감각을 마비시키는 작용도 해야 하지만 다른 장기에도 부작용을 미치지 않는 화합물이어야 합니다. 그리고 수술이 끝나고 적절한 시간이 지나면 몸 밖으로 전부 배출되어야 합니다. 일반적으로는 주사로 몸 안에 주입하는 대신 수술하는 동안 일관되게 호흡과 함께 몸 안에 흡수되었다가 호흡과 함께 몸 밖으로 배출되는 형태가 이상적입니다.

화학적인 관점에서는 상온에서 기체 상태여야 하고, 신경 전달 기능을 억제하는 작용 외에는 화학적으로 안정되어야 하며, 몸속 장기에 들어가도 아무런 반응을 하지 않는 화합물이어야 합니다. 이러한 성질을 지닌 화합물로 **탄소**(C)와 **플루오린**(F)의 결합이 있는 화합물이 유력한 후보로 떠올랐습니다. 그 이유는 C-F 결합은 굉장히 견고하고

화학적으로 안정적이어서 몸속에서 불필요한 반응을 일으키지 않으리라고 기대할 수 있기 때문입니다. **플루오린 화합물**의 화학적 안정성을 이용한 물질이 **테플론**이라는 수지인데, 이에 관해서는 38에서 설명하겠습니다.

다시 돌아와서, 플루오린 화합물을 합성할 때 원료로 쓰는 **플루오린화수소**(HF)는 굉장히 다루기 까다로운 화합물입니다. 독성이 강한데다 금속과 산소가 결합한 거의 모든 화합물을 부식시키기 때문입니다. 그러니까 **유리**마저 녹여버린다는 말이지요. 유리는 화학적으로 금속 산화물이기 때문입니다(49 참조). 그 때문에 일반적인 화학 회사에서는 다룰 수 없습니다. 그래서 플루오린화수소를 취급하는 노하우를 가지고 있는 유리 회사가 현재 전 세계의 외과 수술에 쓰이는 플루오린 함유 전신 마취제를 만들게 되었습니다. 플루오린화수소는 유리 회사에서 자사 제품을 가공할 때 쓰는 필수 '도구'였기에 자신 있게 취급할 수 있었습니다. 마취제를 제조사에서 병원으로 직접 전달할 수는 없으니 병에 붙은 상표만 보고 바로 알아보지 못하겠지만, 사실은 특기를 살려서 훌륭하게 역할 분담을 하고 있답니다.

한때 **플루오린 화합물**을 인공 혈액으로 개발하는 연구가 진행된 적이 있습니다. 앞서 말한 대로 화학적으로 굉장히 안정적인 물질이어서 혈액을 타고 몸속을 순환해도 분해 대사되지 않고 전혀 해롭지도 않습니다. 한편 플루오린 화합물은 산소를 용해하므로 산소 운반 기능에 한정해서 혈액을 대신할 수 있습니다. 휘발성 플루오린 화합물을 이용하면 호흡과 함께 조금씩 몸 밖으로 배출되면서 혈중 농도가 감소합니다. 시간이 지나 사람이 자력으로 혈액을 만들 수 있게 되면 플루오린 화합물은 필요 없어지므로 인위적으로 조치하지 않더라도 몸 밖으로 내보내는 데는 문제가 없습니다.

마취제의 구조

세보플루란　　　데스플루란

요소와 요소 분해 효소

프리드리히 뵐러
(1800~1882)

유기 화합물은 영어로 'Organic compound'라고 합니다. 그러니까 생물의 장기Organ가 만드는 화학 물질Compound이지요. 그런데 1828년에 독일의 화학자 프리드리히 뵐러Friedrich Wöhler가 플라스크에서 사이안화암모늄이라는 무기 화합물로부터 요소(오줌에 들어 있는 유기 화합물)를 만드는 데 성공했습니다(구조식 참조). 이 시점에서 'Organic'의 정의는 기존의 의미를 잃었습니다. **오늘날 유기 화합물은 이산화탄소(CO_2)와 일산화탄소(CO)를 제외하고 탄소를 포함하는 화합물**을 뜻하게 되었습니다.

20세기 초 효소의 존재가 밝혀졌을 무렵(43 참조), 효소를 화학 물질이라고 해야 할지, 아니면 생체 내에서만 작용하는 별개의 물질이라고 해야 할지 불분명했습니다. 많은 생화학자가 효소만을 분리해서 정제할 수 있을지 시험했습니다. 처음으로 성공한 사람은 미국의 화학자 제임스 섬너James Sumner로, 작두콩의 요소 분해 효소Urease를 결정화했습니다. 결정이란, 즉 순수한 화합물입니다. 하지만 섬너가 이 업적으로 노벨상을 받은 해는 1946년인데, 요소 분해 효소를 결정화하는 데 성공하고 20년이 지난 뒤입니다. 효소가 결정으로 만들어진다는 사실을 많은 사람이 확신하기까지 20년이라는 시간이 필요했습니다.

최초로 화학 합성된 유기 화합물이 요소이고 최초로 결정화된 효소가 요소 분해 효소라니, 인연이라는 게 정말 있지 않을까 싶습니다.

요소의 합성과 분해

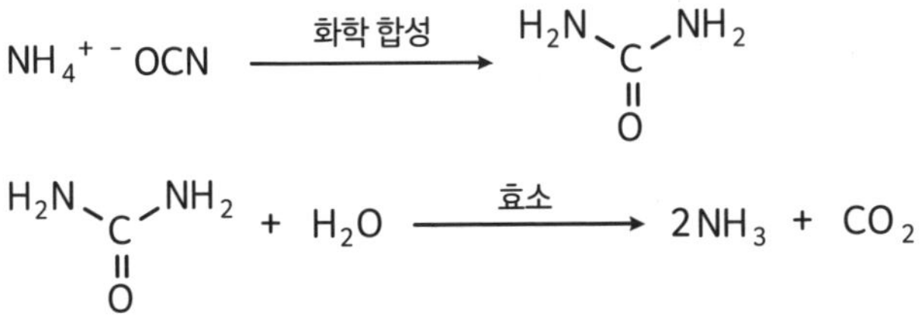

제8장

플라스틱

37

탄소는 길어진다, 끝없이

Keyword 플라스틱 단위 화합물 중합체 이중 결합 첨가 중합 축합 중합 플루오린 테플론

플라스틱은 **단위 화합물**Monomer(단량체)이 여러 개 연결된 화합물이며 보통 인공적으로 만듭니다. 탄소(C)는 여러 개의 탄소가 연결되어도 안정적인 결합을 이루는 특징이 있는데, 플라스틱에도 이 특징을 활용합니다. '여러 개'를 뜻하는 영어 단어 '폴리poly'에서 따 원자가 여러 개 모여 만들어진 물질을 **중합체**Polymer라고 합니다. 참고로 '모노mono'는 '하나'라는 뜻입니다.

단량체는 모두 석유로 만듭니다. **석유**는 **탄소**(C)와 **수소**(H)로 구성되어 있으며 탄소 수가 서로 다른 화합물이 섞인 혼합물인데, 끓는점에 따라 여러 그룹으로 분류하여 이용합니다. 휘발유와 등유도 석유의 일종입니다. 끓는점이 30~180℃ 정도인 물질 **나프타**Naphtha는 석유 화학 공업의 기초 유분을 만들 때 쓰이는 원료입니다. 기초 유분이란 **이중 결합**이 있는 에틸렌, 프로필렌, 뷰타다이엔, 그리고 벤젠 고리가 있는 벤젠Benzene, 톨루엔Toluene, 자일렌Xylene 등을 가리킵니다. 벤젠 고리가 있는 세 물질은 영어의 앞 글자를 따서 BTX라고 부릅니다.

석유 화학 공업에서 다루는 기초 유분

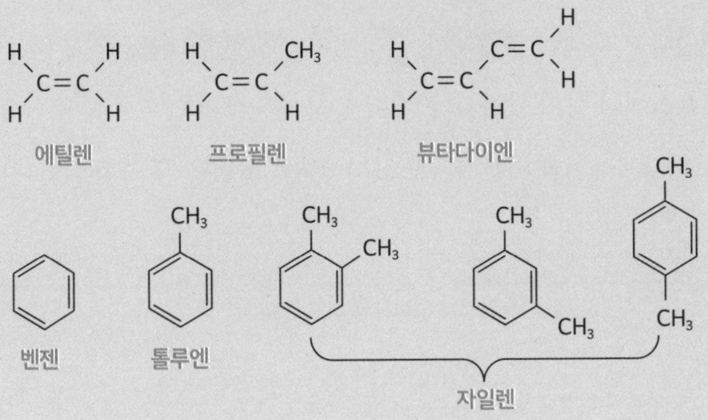

중합체를 만드는 주요 방법은 **첨가 중합**과 **축합 중합** 두 가지입니다. 일단 첨가 중합부터 알아볼까요.

첨가 중합은 이중 결합이 있는 알켄 화합물(통칭 **올레핀**)이 전자 2개를 각각 좌우로 뻗어 인접하는 분자와 연결하여 플라스틱을 만드는 방식입니다. 홀로 팔짱을 낀 채 나란히 서 있던 사람들이 팔을 좌우로 뻗어 서로 손을 맞잡은 이미지입니다. 양 끝의 X, Y는 제품에 중요하지 않으므로 여기서는 깊게 다루지 않겠습니다. *n*은 단량체가 몇 개 연결되었는지를 나타내는 숫자로, 이 수치를 잘 제어할 수 있는지가 중요 포인트입니다. 연결된 분자 수에 따라 물건의 성질이 좌우되기 때문입니다. 대표적인 중합체와 그 중합체의 용도를 156쪽에 정리했습니다.

플루오린과 탄소의 결합은 매우 견고해서 거의 모든 약품과 반응하지 않고 내약품성이 매우 뛰어난 소재입니다. 그리고 플루오린 화합물은 물을 튕겨내는 성질이 매우 커서 물을 포함한 물질이 달라붙기 어렵다는 특색이 있습니다. 프라이팬의 표면에 **테플론**을 코팅하면 달걀프라이가 타지 않습니다. 어떤 음식이든 예외 없이 수분을 함유하므로 달걀프라이와 마찬가지로 프라이팬에 올렸을 때 타지 않습니다.

폴리에틸렌과 폴리프로필렌의 구조

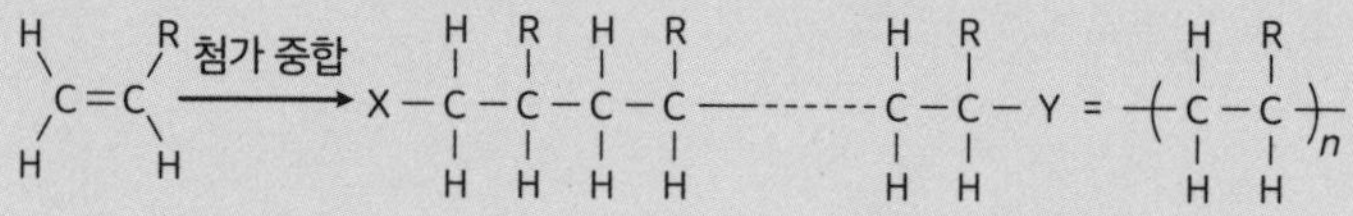

R = H : 폴리에틸렌, R = CH_3 : 폴리프로필렌

폴리에틸렌 포장용 랩, 포장재, 플라스틱 양동이 등에 쓰인다.
폴리프로필렌 폴리에틸렌보다 내열성이 뛰어나고 가볍다. 밀폐 용기, DVD 케이스, 속옷, 신발, 건설 자재 등에 쓰인다.

테플론의 구조

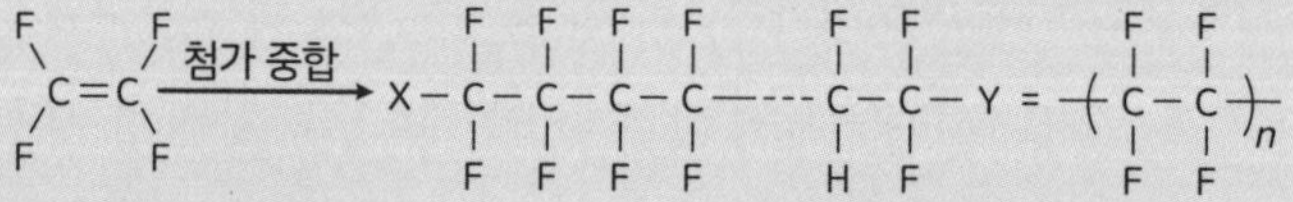

테트라플루오로에틸렌 테플론

테플론 에틸렌의 H가 전부 F(플루오린)로 치환된 단량체가 모인 중합체.

38 다양한 중합체와 그 용도

Keyword 폴리염화비닐 중합체 폴리아크릴로나이트릴 폴리스타이렌 발포 스티롤 폴리메틸메타크릴레이트 단량체 공중합체

이어서 첨가 중합으로 만든 제품을 소개합니다. 가장 먼저 소개할 제품은 **폴리염화비닐**로, 굉장히 널리 쓰이는 **중합체**(고분자)입니다. 에틸렌과 염소가 원료인 폴리염화비닐은 **가소성**(외부에서 힘을 가하면 변형되는 성질)이 뛰어나서 힘을 조금 주더라도 뚝 하고 끊어지는 일이 없으며 촉감이 부들부들합니다. 게다가 비바람에 노출되어도 잘 열화되지 않아(내후성이 뛰어나) 옥외에서 쓰기에도 적합한 소재입니다. 수도관, 전선 피복, 비닐하우스, 프라모델 등에 쓰입니다. 폴리염화비닐로 만든 수도관은 금속 파이프보다 지진에 강합니다. 가소성이 뛰어나 프라모델 소재로도 매우 좋습니다.

염소를 함유한 폴리염화비닐을 소각로에서 태우면 독성이 강한 다이옥신이 발생한다는 이유로 한때 기피되기도 했습니다. 그러나 일반 생활 쓰레기에도 식용 소금 등에서 유래한 염소가 있으므로 소각로에서 태웠을 때 다이옥신이 어느 정도 발생합니다. 따라서 폴리염화비닐의 유무가 다이옥신의 양을 좌우하지는 않습니다. 우리의 생활을 뒤

에서 떠받치는 공로자인 폴리염화비닐에 우리는 감사해야 합니다.

폴리아크릴로나이트릴의 원료는 프로필렌(정식 명칭은 프로펜)과 암모니아입니다. 보온성이 뛰어나 카펫과 스웨터 등에 쓰입니다.

폴리염화비닐로 만든 파이프

폴리스타이렌 역시 일상에서 종종 보이는 중합체입니다. 원료인 스타이렌은 벤젠과 에틸렌으로 만듭니다. 일상에서 폴리스타이렌은 전혀 다른 외형으로 활약합니다. **발포 스티롤**(**발포 스타이렌**, 스티로폼이라는 상표명으로 더 유명한 수지_옮긴이)은 폴리스타이렌을 성형하는 과정에서 공기가 잔뜩 들어가도록 만들므로 공기가 부피의 약 98%를 차지합니다. 충격 흡수 소재로써 정밀 기기를 운반할 때 쓰입니다. 그리고 공기가 열을 잘 전달하지 못한다는 성질을 이용하여 단열재로도 쓰입니다. 소재 자체가 벤젠 고리를 가진 탄화수소여서 내수성(물이 잘 스며들지 않는 성질_옮긴이)이 있습니다. 두 성질을 이용해서 만든 제품이 바로 컵라면 용기와 뜨거운 음료수를 마실 때 쓰는 컵입니다. 내용물이 잘 식지 않고 내용물이 뜨거워도 손으로 잡을 수 있습니다. 한편 차가운 음료를 마실 때 쓰는 투명한 컵도 폴리스타이렌으로 만듭니다. 이 컵이 투명한 이유는 공기를 투입하지 않아서입니다. 차가운 음료수를 더 맛있게 보이도록 만들려면 투명한 컵을 사용해야겠지요.

충격 흡수와 단열이라는 발포 스티롤의 성질은 차가운 상태로 무언가를 운반할 용기를 만들기에도 적합합니다. 얼음과 생선을 발포 스티롤로 만든 상자에 넣으면 산지에서 도시까지 신선한 상태로 운반할 수 있습니다.

폴리메틸메타크릴레이트Polymethylmethacrylate, PMMA는 중합체의 여왕으로 불릴 만큼 투명하고 아름다운 물질입니다. 이러한 특징을 살려서 다른 중합체와는 달리 기능성 소재에도 쓰입니다(74 참조).

지금까지 설명한 물질들은 단 한 종류의 **단량체**만 연결한 중합체였지만, 물질의 성질을 바꿀 때는 두 가지 방법을 이용합니다. 첫 번째는 두 종류의 단량체를 중합하는 방법입니다. 이렇게 만들어진 중합체를 **공중합체**Copolymer라고 합니다. 단량체 A와 B를 1:1의 비율로 섞는다고 반드시 A-B-A-B……처럼 규칙적인 중합체가 만들어지지는 않지만, 당연히 한 종류의 원료로만 만들 때와는 성질이 달라집니다. 두 번

다양한 올레핀 첨가 중합물

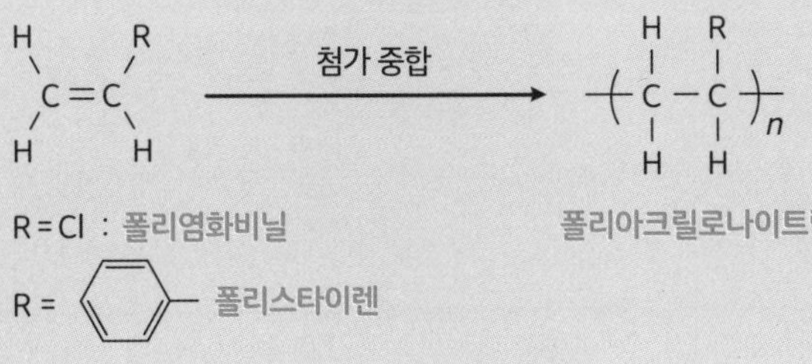

째 방법은 만들어진 두 종류의 중합체를 일시적으로 융합하는 방법입니다. 이렇게 만들면 1:1로 혼합했을 때와 1:2로 혼합했을 때 최종 제품의 성질이 달라집니다.

39 나일론과 견직물

Keyword 축합 중합 폴리아마이드 폴리에스터 나일론 펩타이드 결합 월리스 캐러더스 개환 중합

축합 중합은 반응하기 쉬운 OH와 H를 가진 화합물에서 물 분자(H_2O)가 떨어져 나가는 형태로 단량체를 연결하는 반응입니다. 양 끝에 OH와 H가 있는 한 종류의 단량체를 연결하거나 양 끝에 각각 OH와 H를 2개씩 가진 두 종류의 단량체를 연결합니다(구조식 참조). 떨어져 나가기 쉬운 OH를 가진 화합물은 카복시기 **-C(=O)-OH**를 가진 화합물(카복실산)이고, 빠지기 쉬운 H를 가진 화합물은 아미노기($-NH_2$)를 가진 **아민** 혹은 하이드록시기(-OH)를 가진 **알코올**입니다. 아민으로 만든 중합체는 **폴리아마이드**, 알코올로 만든 중합체는 **폴리에스터**입니다. 얼마큼 연결되었을 때 반응을 멈출지가 중요하다는 점은 첨가 중합(37 참조)과 마찬가지인데, 연결된 분자 수에 따라 제품의 성질이 좌우되기 때문입니다.

공장에서 합성 섬유를 만들 때는 융합한 중합체를 좁은 노즐로 뽑아 실 형태로 가공해서 섬유로 자아냅니다. 중합체를 섬유로 만들었을 때 옷으로 입기에 적합한 성질인지가 중요합니다. 감촉이 좋은지,

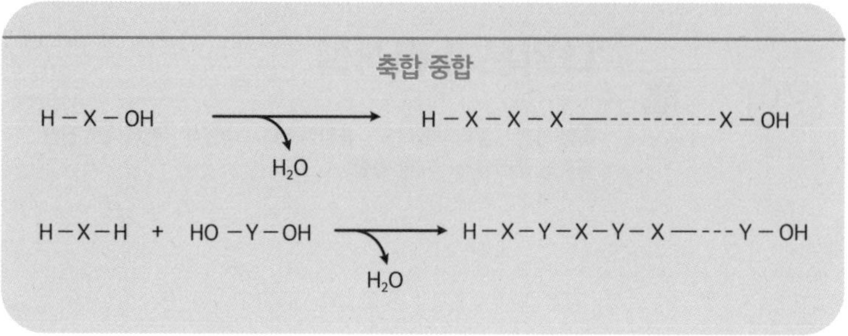

염색이 잘 되는지, 물기가 잘 마르는지, 광택이 있는지, 형태가 잘 흐트러지지 않는지, 빳빳한지, 그리고 내수성·내열성·내후성(햇빛, 비바람에 견디는 성질)이 있는지, 가격은 적당한지 등 여러 특성이 요구됩니다.

나일론은 최초로 만들어진 인공 섬유로 유명합니다. 그전까지의 섬유는 식물로 만든 무명과 삼, 혹은 동물성인 견직물과 양모가 주류였으며 동물의 모피를 직접 의복으로 만들기도 했습니다.

나일론은 견직물을 모방하기 위해 만든 섬유입니다. 견직물은 누에고치에서 실을 뽑아 만든 섬유로, 화학적인 관점에서 본 본체는 단백질입니다. 단백질은 −NH−C(C=O)−라는 결합(**펩타이드 결합** 일반명은 **아마이드 결합**)으로 아미노산이 여러 개 연결된 화합물입니다. 이를 활용하여 같은 방식으로 결합한 중합체를 만들면 견직물과 감촉이 비슷한 섬유를 만들 수 있으리라고 생각한 **월리스 캐러더스**Wallace Carothers가 발명한 섬유가 나일론입니다. 캐러더스는 당시 미국의 화학 공업 회사 듀폰에 재직 중이었지요. 163쪽 그림을 보면 단백질과 나일론이 공통된 부분을 가지고 있음을 알 수 있습니다. 화학 결합이라는 미시적 분

윌리스 캐러더스(1896~1937)

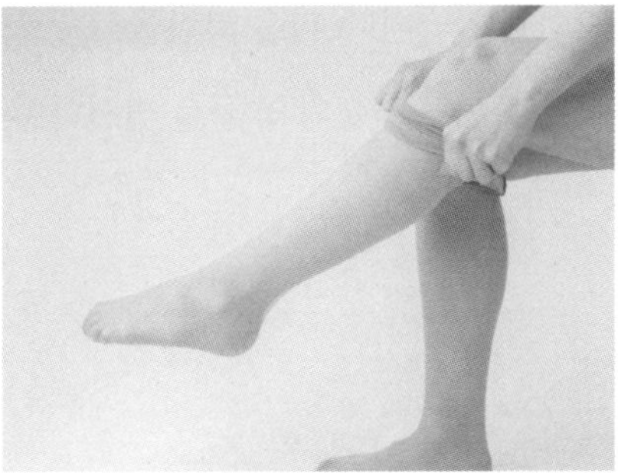

나일론 스타킹

자 단계에서 보이는 유사성이 감촉이라는 거시적 성질의 공통점으로 나타난다니 흥미로운 현상입니다.

나일론을 만드는 방법 중 **개환 중합**(고리열림 중합)이라는 독특한

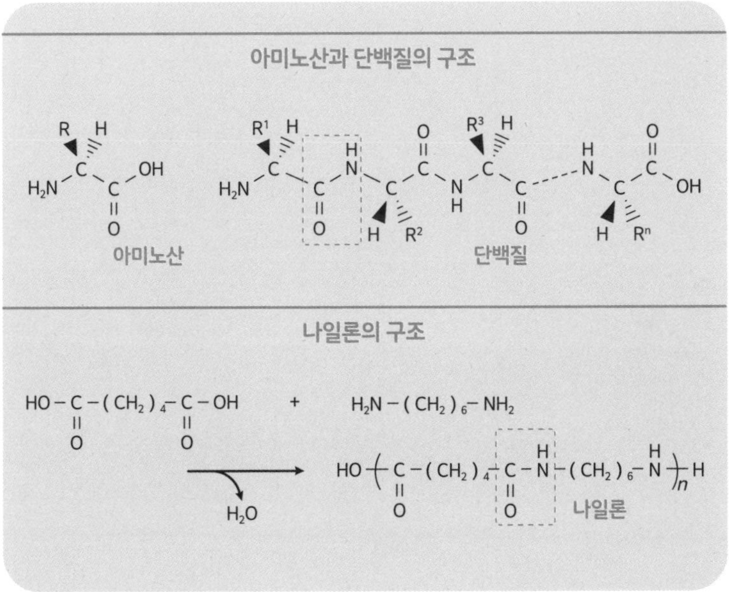

방법이 있습니다. 다음 화합물의 구조식에서 물결선 부분이 절단되면서 만들어진 사슬의 양 끝을 연결하여 중합체를 만드는 방법입니다.

개환 중합

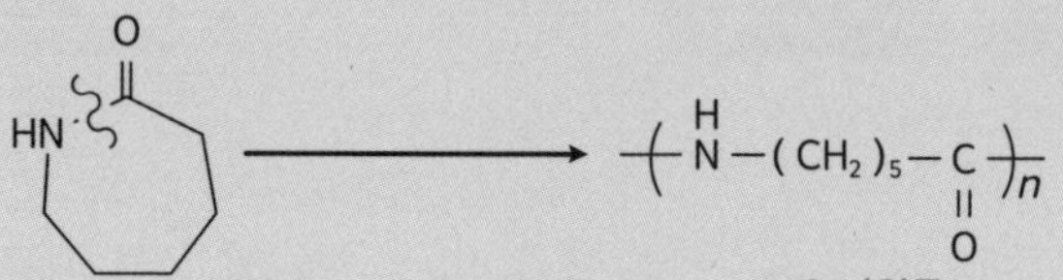

6-나일론

40 페트병과 와이셔츠는 같은 화학 물질

Keyword

에틸렌글리콜 테레프탈산 PET 폴리에스터 폴리젖산

페트병은 형태 때문에 귀여운 반려동물을 의미하는 펫Pet과 같은 단어라고 생각하시는 분들이 있을지도 모르겠지만 사실은 전혀 다른 용어이지요. 페트병의 PET는 명실상부한 화학명입니다.

이 중합체는 167쪽 그림에서 점선으로 나타낸 것처럼 **에틸렌글리콜**과 **테레프탈산** 사이에서 물 분자가 빠져나오는 형태로 분자가 여러 개 연결되어 만들어진 화합물입니다. 영문명 Polyethylene terephthalate에서 밑줄 친 부분을 따서 **PET**라고 합니다. 원료인 에틸렌글리콜은 에틸렌으로, 테레프탈산은 자일렌으로 만듭니다. 둘 다 나프타를 분해하여 만드는 물질이므로 기원을 거슬러 올라가면 출발점은 석유입니다(37 참조).

물이 빠지면서 새롭게 만들어진 결합은 일반적으로 **에스터** 결합이라고 부르는 구조이므로, PET의 일반명은 단량체가 에스터 결합으로 연결된 화합물이라는 의미인 **폴리에스터**입니다. 폴리에스터라는 말을 들으면 여러분은 무엇이 생각나시나요? 네, 셔츠나 바지가 있지

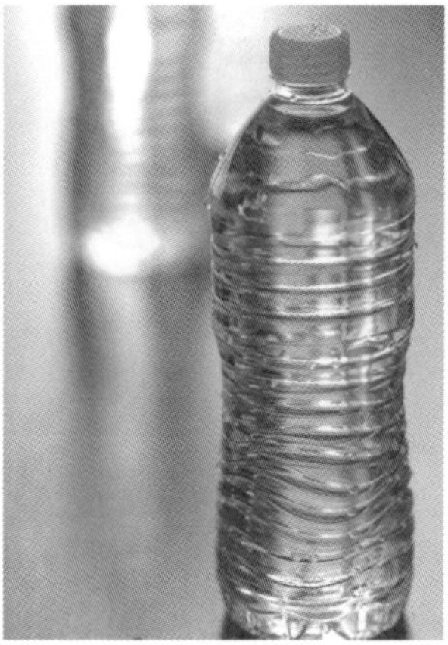

페트병

와이셔츠

요. 사실 페트병과 폴리에스터 섬유는 똑같은 화합물입니다!

PET 제품은 다른 중합체와 마찬가지로 펠릿pellet(플라스틱을 녹여 작게 뭉친 알갱이 형태의 물질_옮긴이)입니다. 열을 가해 부드럽게 만든 펠릿을 성형하면 페트병이 만들어집니다. 가열한 펠릿을 좁은 노즐로 뽑으면 실처럼 됩니다. 이를 자아낸 천으로 셔츠나 바지를 만듭니다.

첨가 중합으로 만든 중합체는 탄소-탄소 결합으로 연결되어 있으므로 화학적으로 매우 자르기 힘듭니다. 따라서 지금으로서는 다 쓴 플라스틱을 폐기할 때 태울 수밖에 없습니다(폐기하는 대신 효과적으로 이용하는 방법을 개발 중입니다). 흙 속에서도 바닷속에서도 간단히 분해되지 않기 때문에 폐플라스틱은 환경 오염의 주범으로 지목받습니다. 하지만 폴리에스터나 나일론 같은 폴리아마이드는 알코올 또는 아민이 카복실산과 반응하여 물이 빠져나오면서 만들어지기 때문에, 반대로 물을 첨가하면 원래 성분으로 분해될 가능성이 있습니다.

강산이나 강염기를 쓰지 않고도, 그리고 고온에서 가열하지 않고도 적당한 조건에서 폐플라스틱을 분해하는 것이 이상적입니다. 이를 실현하기 위해 미생물의 힘을 이용하는 연구가 지금도 진행 중입니다. 실용화 단계까지 도달하지는 못했지만, 가능성은 있습니다.

환경에 부담이 적다는 점에서 주목받고 있는 물질은 **폴리젖산**Polylactic acid, PLA입니다. 젖산은 당을 젖산균이 발효할 때 만들어지며,

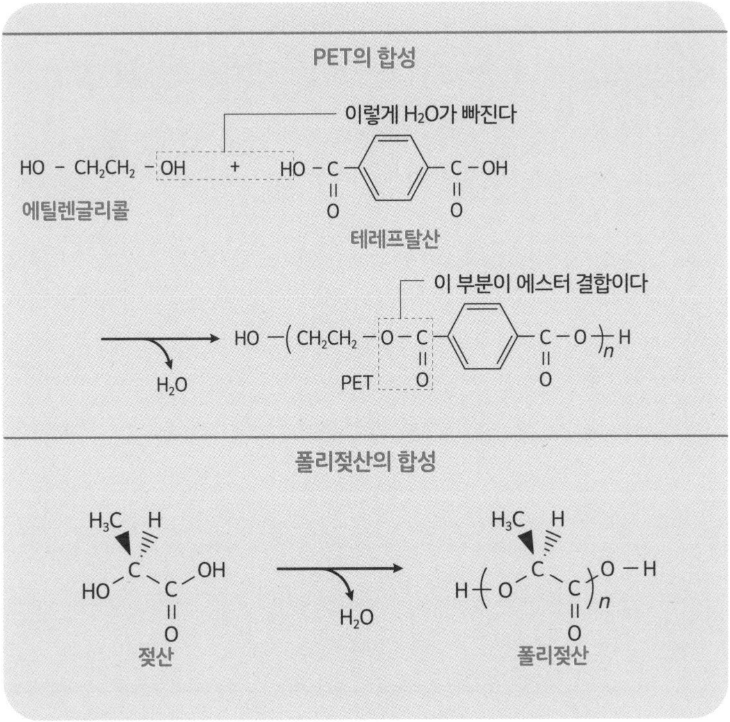

천연 분자끼리 연결된 물질이므로 비교적 쉽게 미생물이 분해할 수 있습니다. 그리고 다른 물질과의 중합 반응으로 제품에 분해하기 쉬운 부분을 삽입할 수도 있습니다.

2020년 2월 22일 〈니혼게이자이 신문〉 기사에 따르면 대형 섬유 회사가 100% 식물 원료만으로 합성 섬유를 개발하는 데 성공했다고 합니다. 사탕수수와 옥수수에서 식용으로 쓸 수 없는 부분을 이용해서 폴리에스터 원료를 제조할 수 있다니 앞으로가 기대됩니다.

접착제는 어떻게 물건을 붙일까?

두 물체를 접착할 수 있다는 것은 굉장히 편리하고 중요한 이점입니다. 가령 이 책도 단순히 종이를 묶고 끝이 아니라 페이지 순서대로 책등에 붙여서 만들었다는 점을 생각하면 얼마나 편리한지 실감할 수 있을 겁니다. 그렇다면 두 물체를 접착하려면 어떻게 해야 할까요? 접착제는 어떻게 작용할까요?

물체의 표면은 종이, 나무, 유리, 플라스틱 등이며 언뜻 보기에는 평평해 보이지만 사실은 미세하게 울퉁불퉁합니다. 이 울퉁불퉁한 면에 액체 혹은 반액체 상태의 접착제가 빈틈없이 스며들어 굳으면서 양면이 붙습니다. 예로부터 쓰인 아교와 풀은 끓는 물에 넣어 끈끈한 액체 상태로 만든 천연 고분자 물질을 접착 면에 바르고 수분이 증발하기를 기다리는 방식입니다. 인공적인 고분자 물질은 쉽게 증발하는 용제에 녹인 다음 접착 면에 바르는데, 이 용제가 휘발하

두 물질이 붙는 원리

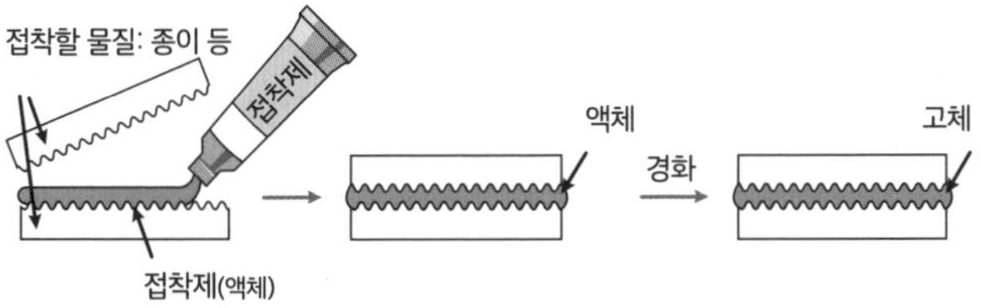

면 두 물체가 붙습니다. 아교나 풀보다 빠르게 붙는다는 장점이 있습니다.
접착 면에 중합 반응(37, 38 참조)을 일으켜 고분자를 만드는 방법도 있습니다. 두 종류의 약제를 빠르게 섞어서 사용하는 접착제가 있는데, 이 약제들이 '섞이면서' 중합 반응을 일으킵니다.
접착할 물질의 재질과 접착제의 친화성도 중요하므로 어떤 물질끼리 접착하느냐에 따라 다른 접착제를 사용할 때가 있습니다.

제9장

생명의 힘을 이용한 생산 과정

41 발효와 부패

Keyword 미생물 발효 부패 효소 촉매 루이 파스퇴르 백조목 플라스크

진균(곰팡이), 효모, 그리고 세균(예: 방선균) 등의 **미생물**은 어디에든 존재합니다. 공기 중에서, 흙 속에서, 바닷속에서, 우리 몸속에서, 그리고 온천처럼 끓는 물 속에서 생존하는 종도 있습니다. 반대로 온도를 낮춰도 미생물은 얼어 죽지 않습니다. 증식하지도 않고 그저 가만히 있을 뿐이지요. 미생물을 연 단위로 장기간 보관할 때는 보존제와 함께 0℃ 이하의 진공에서 보관합니다. 미생물 중에는 우리와 마찬가지로 산소가 필요한 종도 있고, 반대로 산소가 있으면 증식할 수 없는 종도 있는 등 각양각색입니다. 산소가 있으면 산소를 이용하지만, 산소가 없는 환경에서도 그 나름대로 증식하는 미생물도 있습니다. 진화 과정에서 서식 환경에 적응하는 능력을 획득해왔기 때문입니다.

발효와 **부패**는 모두 미생물의 작용에 의한 변화입니다. '자연의 힘'이라고 하면 막연하지만 모두 미생물의 **효소**가 **촉매**로 작용한 화학 반응의 결과입니다. 인간에게 유익한 변화를 발효, 불리한 변화를 부패라고 칭할 뿐 근본적으로는 같은 반응입니다.

루이 파스퇴르(1822~1895)

부패가 공기 중의 미생물이 작용한 결과임을 증명한 사람은 프랑스의 화학자 **루이 파스퇴르**Louis Pasteur입니다. 파스퇴르는 공기 중의 미생물은 들어갈 수 없지만, 바깥 공기는 통하는 플라스크(**백조목 플라스크**)를 만들었습니다. 플라스크에 고깃국물을 넣고 끓이면 수프 안에 들어 있던 미생물은 고열에 사멸합니다. 플라스크 안의 공기와 미생물은 수증기와 함께 배출됩니다. 이후 열을 식히면 공기는 들어오지만, 공기 중의 미생물은 유리관을 오르지 못해서 플라스크 안의 고깃국물까지 도달하지 못합니다. 따라

백조목 플라스크

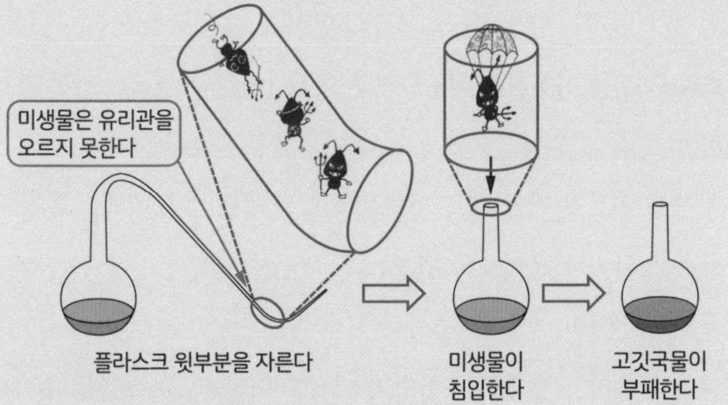

① 플라스크 안의 고깃국물을 가열해서 살균한다
② 실온에 내버려 둬도 고깃국물이 부패하지 않는다

서 그대로 내버려 둬도 고깃국물은 부패하지 않습니다. 플라스크의 입구를 똑바로 위를 향하게 하면 열이 식으면서 공기가 들어올 때 미생물도 플라스크 안으로 섞여 들어오므로 얼마 지나지 않아 부패가 시작됩니다. 파스퇴르는 이 실험으로 부패가 공기 중의 미생물에 의한 현상임을 증명했습니다.

발효가 미생물의 작용으로 일어난다는 사실이 밝혀진 시기는 19세기가 끝날 무렵입니다. 그전에도 발효를 이용한 여러 먹을거리가 있었지만, 여기에 미생물이 관여한다는 생각까지는 미치지 못했습니다. 이러한 공정을 통해 만들고자 한 물질을 만들 수 있다는 결과만을 알고 있었을 뿐입니다. 위와 같은 배경 속에서 포도로 포도주를 만드는 과정에 미생물에 관여한다는 사실을 밝힌 사람 역시 파스퇴르입니다.

발효의 종류는 생성물이 순수한 화학 물질일 경우와 혼합물일 경우입니다. 전자는 항생 물질과 의약품의 제조, 조미료로 쓰이는 **글루탐산소듐**(MSG)을 비롯한 아미노산의 발효입니다. 후자는 알코올성 음료, 젖산 발효 음료, 된장, 간장, 식초, 치즈 등 각종 식료품입니다.

공업 원료를 만들 때도 미생물의 힘을 빌립니다. 이때는 특정 원료에 미생물이 작용하도록 만드는데, 대부분 화학 반응을 한 단계만 거쳐도 생성물을 얻을 수 있습니다. 미생물이 관여하며 여러 단계의 반응을 이용하는 발효와 구별하여 미생물 변환Microbial transformation이라고 합니다. 몇 단계를 거치든 미생물의 효소가 촉매로 관여하는 화학 반응의 결과라는 점은 같습니다.

42 생명의 항상성은 효소 덕분

Keyword 항상성 호메오스타시스 효소 촉매 아미노산

생물의 세포에는 세포 고유의 화학 물질, 세포로 흡수된 영양분, 그리고 영양분에서 변화한 물질 등 각양각색의 물질이 존재하며 저마다 **화학 반응**을 일으킵니다. 생명이 성립하는 이유는 이 모든 현상이 전체적으로 균형을 맞추고 있기 때문입니다. 화학적인 관점에서 본 세포의 내용물은 여러 화합물의 혼합물이며, 이 화합물 사이의 반응성만으로 반응이 일어나거나 반대로 반응이 일어나지 않으면 생명체는 살 수 없습니다.

그렇다면 생명체는 어떻게 전체적인 균형을, 다시 말해 **항상성**(동적 평형 상태, **호메오스타시스**Homeostasis)을 유지할 수 있을까요? 정답은 바로 **효소**의 존재 덕분입니다. 세포 내에서 특정 화합물이 혼합물 상태 그대로 반응을 일으켜야 합니다. 반응을 일으키고 싶은 화합물만 따로 다룰 수 있는 플라스크 안에서 발생하는 반응과는 하늘과 땅 차이지요. 게다가 화합물에 따라서는 반응이 잘 일어나는 부위가 여러 군데인 분자도 있습니다. 어느 부위에서 반응이 일어나느냐에 따라서도 전혀 다

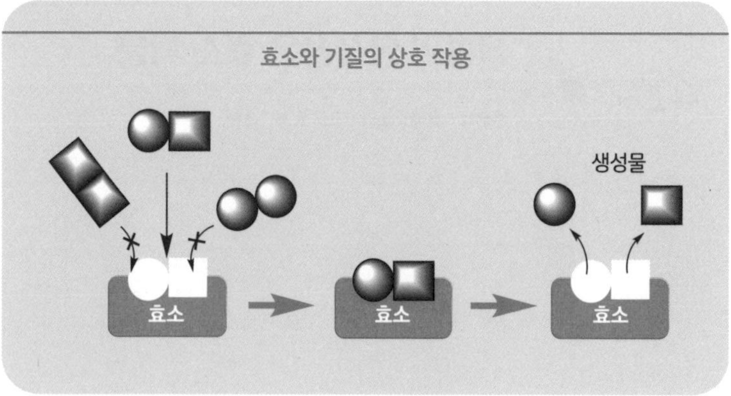

효소와 기질의 상호 작용

른 생성물이 만들어지므로 특정 부위에서만 반응이 일어나야 합니다. 효소는 생체 내에서 특정 화합물의 특정 부위만을 활성화하는 **촉매**, 촉매와 반응하여 활성화되는 화합물을 효소의 **기질**이라고 합니다.

촉매는 화학 반응을 빠르게 하는 물질입니다. **황산**처럼 단순한 산부터 복잡한 화합물과 금속에 이르기까지 다양한 촉매가 발견되었습니다. 다양한 화합물을 활성화하는 황산 같은 물질은 세포에서 작용할 촉매로는 부적절합니다. 생체 내 반응의 촉매, 즉 효소는 단백질이며 28에서 설명했다시피 단백질은 20종의 **아미노산**이 여러 개 연결되어 만들어진 물질입니다. 이 아미노산 사슬은 단순히 끈 형태가 아니라 독특한 삼차원 구조를 형성합니다.

독특한 구조 덕에 특정 화합물만 붙잡을 수 있는 데다 붙잡았을 때의 형태까지 알 수 있습니다. 효소는 이렇게 화합물의 특정 부위에만 화학 반응을 일으킵니다. 각 반응에 대응하는 효소를 하나하나 만들기는 어렵지만, 불필요한 반응으로 불필요한 생성물이 만들어질 때 생명 활동의 항상성을 유지하지 못한다는 점을 생각하면 합리적인 방식이라고 할 수 있습니다. 이 단백질의 삼차원 구조가 열에 손상되면 효소도 비활성화됩니다.

효소의 아미노산 배열은 DNA의 염기 서열로 결정됩니다(27 참조). 사람의 DNA에 담긴 염기 서열은 21세기 초에 모두 밝혀졌는데, 해당 데이터에 따르면 효소의 종류는 20,000~25,000종으로 추정됩니다.

효소의 구조

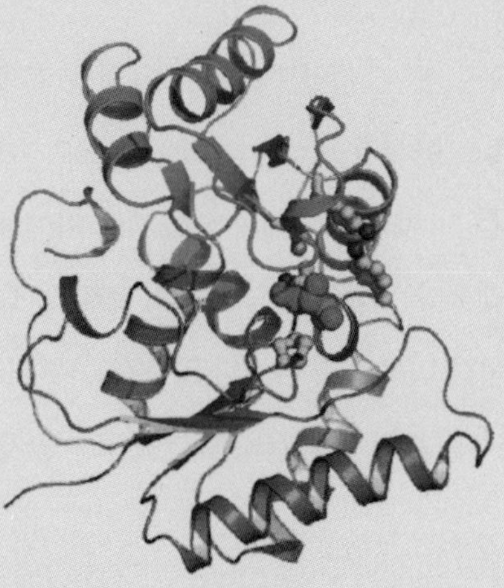

43

신의 선물: 과일로 포도주를 만들어라

Keyword

포도주 맥주 누룩 곰팡이 효모 포도당
알코올 발효 에탄올

포도주, 맥주, 일본주, 소흥주는 증류하지 않고 발효만으로 만든 대표적인 술입니다. 만들어지는 원리는 몰랐지만 먼 옛날부터 술을 만드는 방식이 자리 잡히기 시작했습니다.

서양에서 포도는 '이 과일로 포도주를 만들라'라고 신이 내린 선물입니다. **포도주**를 마시기 시작한 시기는 메소포타미아 문명 시대부터입니다. 기원전 5000년경 흑해와 카스피해 사이에 있는 캅카스산맥 일대에서 유래했다는 설이 유력합니다. **맥주**도 메소포타미아 시대에 우연히 만들어진 뒤로 즐겨 마셨다고 추정됩니다. 연도로는 기원전 4000년 즈음입니다. 보리와 물의 혼합물에 효모를 넣으면 맥주가 만들어집니다.

일본주는 포도주나 맥주보다 만드는 방식이 복잡한데, **누룩곰팡이**와 **효모**라는 두 종의 미생물이 필요합니다. 제조법이 완성된 시기는 대략 7세기경이며 오늘날과 거의 비슷한 제조법은 9세기에 확립되었다고 추정됩니다. 그러나 당시 사람들은 미생물 두 종이 작용한 결과

라는 사실을 전혀 몰랐습니다.

유럽에서 어떻게 포도에서 포도주를 만들 수 있을까에 관한 토론이 활발해진 시기는 19세기로, 종국에는 프랑스의 파스퇴르가 "살아 있는 효모의 작용으로 **포도당**이 포도주로 변화한다"라고 결론을 내렸습니다. 파스퇴르는 포도주를 내버려 뒀을 때 맛이 시어지는 원인 역시 미생물이라고 생각했고, 이를 방지하려면 포도주를 잠깐 가열하는 게 좋다는 사실을 발견했습니다.

한편 일본의 의학자 기타자토 시바사부로北里柴三郎가 발견한 항독소(69 참조, 동물의 독이나 세균의 독소를 중화시키는 항체_옮긴이)를 보고 이질에 대항하는 항독소를 찾고자 했던 독일의 화학자 에두아르트 부흐너Eduard Buchner는 살아 있는 효모가 없어도 포도당을 발효시켜 포도주를 만들 수 있음을 우연히 알아냈습니다. 부흐너는 효모를 으깨어 고형물을 제거한 액체에 포도당을 넣었더니 기체가 발생하는 현상을 발견했습니다. '기체(이산화탄소)가 발생한다 = 발효한다'라는 사실은 당시 확실히 증명된 현상이었습니다. 다시 말해 '생명력'이 없더라도 생명체의 세포 안에 어떤 물질이 있으면 포도당이 포도주로 변화한다는 사실을 발견한 것입니다. 효모 세포 안에서 일어나는 변화를 플라스크 안에서 재현할 수 있게 되면서 생명 현상을 화학적 언어로 이야기할 단서로 이어졌습니다.

이후 수많은 연구자가 **알코올 발효**를 심도 있게 연구하면서 생화학이라는 학문이 발전했습니다. 포도당은 여러 생물에게 공통인 경로로 **피루브산**이 됩니다(**해당 과정**Glycolysis). 그리고 피루브산이 **아세트알데하이드**로 변할 때 이산화탄소 한 분자가 생깁니다. 최종적으로 아세트알데하이드에서 **에탄올**이 생성되면서 알코올 발효 과정은 끝납니다.

일본주를 만들 때는 **누룩곰팡이**가 전분에서 포도당을 만들고 맥주를 만들 때는 보리가 자체적으로 전분에서 맥아당 또는 포도당을 만들며, 그다음 과정부터는 포도주와 마찬가지로 효모가 작용합니다. 이때 발생하는 이산화탄소를 술 안에 집어넣으면 맥주 또는 샴페인이 완성됩니다.

포도당부터 에탄올까지의 경로(해당 과정)

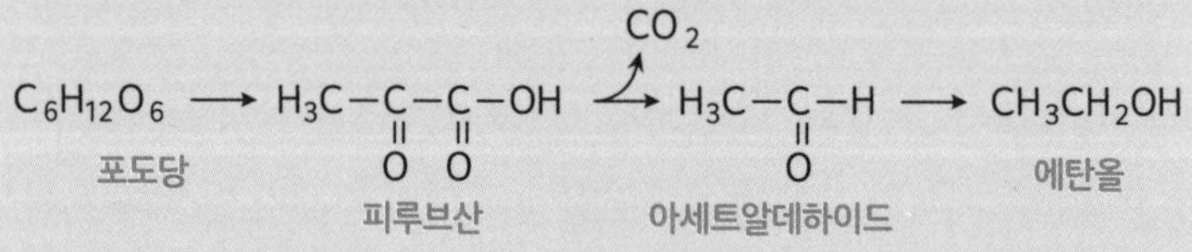

44 살리지 않도록, 죽이지 않도록: 아미노산 발효

Keyword
아미노산 발효 글루탐산소듐 감칠맛 바이오틴

아미노산 발효는 미생물이 아미노산을 만드는 반응입니다. 미생물은 단백질을 만드는 데 필요한 20종의 아미노산을 전부 만들 수 있지만, 그중 사람에게 필요한 아미노산만 균체 밖으로 내보내야 발효로 아미노산을 만들 수 있습니다. 균체 내에 축적하는 양과는 별개로 필요한 아미노산만 순수하게 추출하기는 굉장히 어려우므로 공업적인 제조법을 확립하려면 추가 과정이 필요합니다. 미생물도 자신이 살아가는 데 필요한 아미노산을 만드는 만큼, 인간이 원하는 아미노산만 특별히 대량으로 만들고 또 일부러 세포 밖으로 내보내는 등 이치에 맞지 않는 행동을 할 리가 없지요. 상식적으로 생각하면 발효로 아미노산을 만들어낼 수 있을 리가 없습니다.

하지만 세상에는 다양한 사람들이 있고, 20세기 중반에 어쩌면 발효로 아미노산을 생산할 수 있을지도 모른다고 생각한 사람이 있었습니다. 목표는 **글루탐산소듐**이었습니다. 글루탐산소듐은 아미노산의 소듐염으로, 오늘날에는 전 세계에서 조미료로 쓰이는 물질입니다. 일본에서는 예로부터 **감칠맛**을 내기 위해 **다시마**를 이용해왔는데, 도쿄대학 이학부 화학과 교수 **이케다 기쿠나에**池田菊苗가 감칠맛의 근원을 파헤친 끝에 정체를 밝혀냈습니다. 글루탐산소듐은 단백질을 구성하는 아미노산의 일종인 글루탐산의 카복시기에서 수소가 소듐으로 치환된 화합물입니다. 생체 내에서 다양한 아미노산을 만드는 재료로써 글루탐산이 세포 내에서 다량으로 만들어진다는 사실도 밝혀졌습니다. 모든 미생물이 만들어내지만, 이를 균체 밖으로 내보내리라고는 상식적으로 생각할 수 없었습니다.

이케다 기쿠나에(1864~1936)

일본의 생명공학 회사인 교와하코(현 교와하코기린)의 연구원이었던 기노시타 슈쿠오木下祝郎는 배지(세포나 미생물을 배양하기 위한 고체 또는 액체 상태의 영양원_옮긴이)에서 글루탐산을 분비하는 미생물을 조사했고, 미량이나마 글루탐산을 분비하는 미생물을 발견했습니다. 바로 코리네박테륨*Corynebacterium*이라는 방선균의 일종이었습니다. 나아가 **바이오틴**Biotin이라는 비타민의 일종이 세포벽의 생합성에 필요하다는 점에 주목하여 배지에 들어가는 바이오틴양을 줄여서 배양한 결과, 배지의 글루탐산량이 증가했습니다. 바이오틴의 부족으로 세포벽이 불완전해지면서 글루탐산이 밖으로 새어 나왔기 때문입니다. 일부가 밖으로 새어 나오면 균체 안에서 필요한 아미노산이 부족해지므로 미생물은 글루탐산을 부지런히 만들어내게 됩니다. 안타깝게도 만들어내는 족족 대부분 균체 밖으로 새어 나가지만 말이지요. 미생물에게는 안됐지만, 인간에게는 매우 고마운 현상이었습니다.

그러나 이 생산 과정을 공업화하기에는 한 가지 난관이 있었습니다. 연구실에서는 미생물의 영양원으로 순수한 **포도당**(29 참조)을 사용하지만, 공업적으로는 가격이 저렴한 폐당밀을 쓸 수밖에 없습니다. 폐당밀은 사탕수수에서 설탕을 정제하고 남은 부산물입니다. 그런데 폐당밀에는 바이오틴이 풍부하게 함유되어 있으므로 배지의 영양분으로 폐당밀을 넣으면 세포벽이 완전히 복구되면서 글루탐산이 균체 밖으로 새어 나오지 않게 됩니다. 자연은 미생물의 편이었습니다.

그러나 인간은 **페니실린**을 이용했습니다. 페니실린이 세균의 세포벽을 생합성하지 못하도록 방해해서 세균을 죽음에 이르게 한다는 사실은 알려진 바였습니다(56 참조). 이를 응용해서 균이 죽지 않을 만큼만 배지에 페니실린을 넣으면 균은 증식하지만 세포벽이 불안정해집니다. 결과적으로 글루탐산이 균체 밖으로 새어 나옵니다. 이로써 발효 생산 기술이 확립되었습니다.

글루탐산소듐을 함유하는 다시마(왼쪽)**와 글루탐산소듐의 구조**(오른쪽)

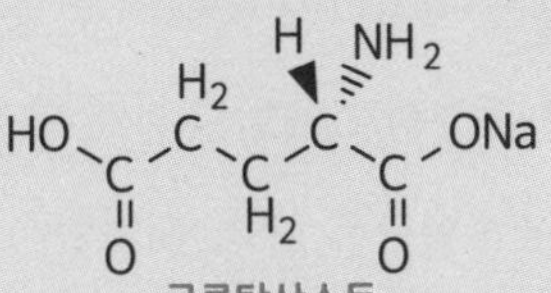

글루탐산소듐

45 미생물을 공장으로

Keyword 효소 촉매 아이소부틸산 포도당 미생물
내열성 DNA 중합 효소 PCR

효소는 생체 내에서 일어나는 반응에 관여하는 **촉매**이자 단백질입니다. 작용 범위가 생체 내로 제한되므로 생물이 살 수 있는 온도와 압력이라는 조건에서만 활성화되는데, 특별히 가열하지 않고도 반응을 일으키는 성질은 효소의 장점입니다. 반대로 말하면 상온보다 높은 온도에서는 비활성화되는 불안정한 촉매이기도 합니다. 단, 효소 중에 100℃ 가까운 고온에서도 안정적으로 작용하는 예외도 있습니다.

효소도 '물질'이므로 세포에서 추출하여 플라스크 안에서도 사용할 수 있습니다. 게다가 이러한 효소는 일반적으로 작용하는 생체 물질과 비슷하면서 다른 합성 물질에 작용하기도 합니다. 세포 내 화합물끼리는 엄밀히 식별하도록 진화해왔지만, 한 번도 본 적 없는 합성 화학 물질은 식별하지 못해서 반응을 일으켰을까요? 사실 이러한 반응 중에는 공업적으로 유용하게 활용되는 반응도 꽤 많습니다.

아이소부틸산을 배지에 넣었을 때 영양원 삼아 성장하는 미생물이 여럿 있습니다. 일반적으로는 미생물을 증식시킬 때 영양원(탄소원)

으로 **포도당**(29 참조)을 이용하지만, 아이소부틸산을 영양원으로 이용하는 미생물도 드물게 있습니다. 심지어 전부 대사 분해하는 대신 중간물질인 하이드록시아이소부틸산을 배지에 축적하기도 한다니 놀랄 따름입니다. 다음의 화합물 구조식에서 점선으로 그린 결합은 뒤로 뻗어 있고 쐐기 모양 결합은 앞으로 뻗어 있음을 나타냅니다. 좌우의 두 화합물은 이전에 설명했던 카이랄성 분자의 **왼손형**, **오른손형** 구조입니다(11 참조). 이러한 화합물은 의약품을 만들 때 유용하게 쓰이는 합성 원료입니다. 미생물에 따라 두 종류의 화합물을 분류하여 만들 수 있습니다. 일반적으로는 이 반응을 일으키는 단계부터 굉장히 어렵습니다. 하물며 왼손형과 오른손형을 나누어 만든다니 사실상 불가능합니다.

미생물 변환

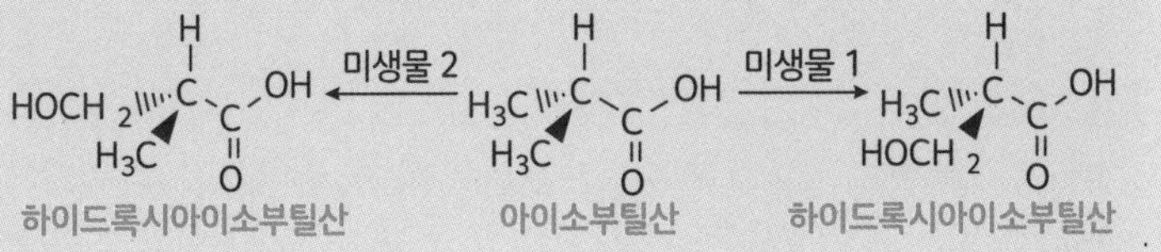

대표적인 내열성 효소인 **내열성 DNA 중합 효소**를 소개합니다. DNA 중 원하는 부분을 대량으로 증폭하는 **PCR**Polymerase chain reaction(중합 효소 연쇄 반응)이라는 방법이 있습니다. DNA의 염기 서열(27 참조)을 정할 때 없어서는 안 될 기술이지요. PCR로 DNA를 증폭하려면 꼭 필요한 재료가 몇 가지 있는데, 핵심적인 열쇠는 내열성 DNA 중합 효소입니다. 복제할 DNA의 원래 가닥(주형)에 A, T, G, C로 표기되는 네 종류의 핵 염기(27 참조)를 이어 붙이는 효소입니다. PCR의 실제 과정은 60~95℃ 사이에서 수차례 가열과 냉각을 반복할 뿐인 간단한 반응이지만, 95℃라는 고온에서도 안정적으로 작용하는 효소가 반드시 있어야 합니다. 그러므로 내열성 효소가 발견된 덕에 PCR 기술이 확립되었다고도 할 수 있습니다. 일본에서 오늘날 쓰이는 효소는 교토대학 명예교수인 이마나카 타다유키今中忠行의 연구팀이 열수熱水가 뿜어져 나오는 가고시마현 도카라 열도 앞바다 밑바닥에 서식하는 미생물로부터 추출한 물질입니다.

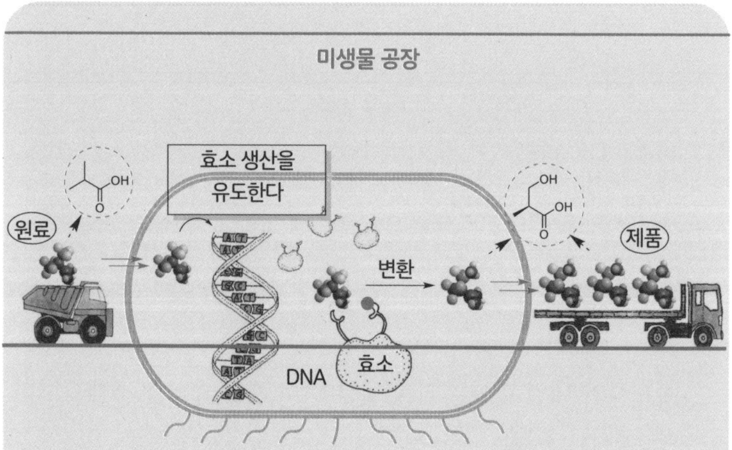

석유의 대체재

최근 SDGsSustainable development goals(지속 가능한 발전 목표)라는 말이 종종 들려옵니다. 극단적으로 말하면 태양의 은혜를 받는 한 바닥날 리 없는 자원으로 평화롭게 인류의 생활을 이룩하자는 주장입니다.

사람들의 생활을 지탱하는 요소를 생각해봤을 때, 예술, 철학, 종교 등 정신적인 분야를 제외하면 에너지와 의식주에 관한 자원이 있습니다. 이번 이야기는 살짝 에너지로 기울겠군요.

자원 중 금속류는 만들어낼 수 없으므로 채굴·재생·회수할 수밖에 없습니다. 오늘날에는 나무나 종이뿐만 아니라 인공물도 필요하기에 원료 중에서도 석유에 의지하고 있지만, 여기서 벗어나야 합니다. 대체재가 될 만한 자원으로 식물

식물 자원의 구조식

$C_6H_{12}O_6$
포도당
(셀룰로스는 포도당의 중합체)

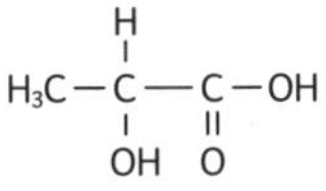

젖산($C_3H_6O_3$)

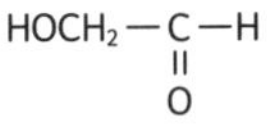

글리콜알데하이드($C_2H_4O_2$)

CH_3CH_2OH
에탄올

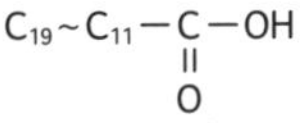

지방산

자원이 있습니다. 포도당과 포도당의 중합체인 셀룰로스, 대사 작용으로 만들어지는 젖산, 글리콜알데하이드, 에탄올 혹은 지방산 등이 식물 자원에 해당합니다. 지금의 석유 화학 체계에 끼워 넣어 이용하든 새 시스템을 구축하든 쉽지 않은 만큼 모두의 지혜를 모아 준비해야 합니다.

제10장

무기 화합물

46

금속

Keyword 금속 전성 연성 금속 결정 제련 청동 합금 전도성 불꽃 반응

금속은 일상에서 흔히 볼 수 있으니 굳이 정의하지 않더라도 다들 어떤 물질인지 아실 테지요. 주기율표에 오른쪽 위에서 왼쪽 아래로 비스듬히 선을 그었을 때 왼쪽 절반에 해당하는 원소들이 금속 원소입니다. 물속에서 양이온이 되는 경향이 있고, 수은 이외에는 상온에서 고체로 존재하며 광택을 띱니다. 두드렸을 때 얇게 퍼지는 **전성**과 잡아서 길게 늘일 수 있는 **연성**이 뛰어납니다. 고무와 비교하면 신축성이 떨어진다고 생각하기 쉽지만, 둥글게 감거나 끊을 수 있는 철사를 생각하면 바깥 부분이 잘 늘어나는 금속의 특성을 이해할 수 있습니다. 가느다란 나무 막대는 그럴 수 없지요.

전기가 잘 통하는 성질(**도체**)도 금속의 특징인데, 이는 **고체 금속**(**금속 결정**)의 구조와 밀접한 관련이 있습니다. 금속 결정은 각 원자의 전자가 원자핵 하나의 주위를 도는 구조가 아니라, 여러 원자핵의 집합체 사이를 전자가 자유롭게 돌아다니는 형태입니다. 전압을 걸면 자유롭게 돌아다니던 전자가 전압이 낮은 쪽으로 이동합니다. 전자가 이

동한다, 즉 전류가 흐릅니다.

지구상에 존재하는 수많은 금속은 다른 원소와 결합한 상태로 발견됩니다. 특히 산소나 황과 결합한 금속이 많은데, 이러한 금속 화합물로부터 순수한 금속을 정제하는 과정을 **제련**이라고 합니다. 비교적 제련·가공이 쉬웠던 구리를 최초의 금속 도구로써 인류가 이용하기 시작한 시기는 기원전 3000년경으로 추정됩니다. 석기 시대가 저물고 청동기 시대가 시작되었습니다. 인류가 최초로 사용한 금속은 **청동**으로, 주성분인 **구리**에 **주석**을 섞은 **합금**(두 종류 이상의 금속을 녹여 균일하게 섞은 물질)입니다. 이윽고 더 높은 온도가 필요한 **철**을 제련하는 기술이 확립되면서 철기 시대가 되었습니다. 튼튼한 철기는 청동보다 뛰어난 무기와 도구였습니다.

불꽃놀이

금속은 **전도성**이 필요한 수많은 전기·전자 제품에 쓰입니다. 가장 대표적인 사례는 전선이 아닐까요. 전선은 공기에 노출되는 환경에서 많이 쓰이므로 비교적 산소와 물에 강하고 가격이 저렴한 구리로 만듭니다. 최근에는 스마트폰과 컴퓨터 같은 첨단 기기의 필수 부품으로 **리튬 이온 전지**(72 참조)가 들어갑니다. 가장 가벼운 금속인 리튬은 소형 기기에 적합하며 최근에는 전기 자동차에도 리튬 이온 전지가 쓰일 전망입니다.

금속은 **양이온**이 되려 하는 성질이 있습니다. 어떤 양이온들은 불꽃에 넣으면 저마다 독특한 색을 띠는데, 이를 **불꽃 반응**이라고 합니다. 금속의 전자가 들뜨면서 안정적인 원래 상태(바닥 상태)로 돌아갈 때 여분의 에너지를 빛으로 방출하면서 일어나는 현상입니다. 대표적인 불꽃 반응은 다음과 같습니다.

리튬(Li, **빨간색**), **소듐**(Na, **노란색**), **포타슘**(K, **보라색**), **구리**(Cu, **초록색**), **칼슘**(Ca, **주황색**), **스트론튬**(Sr, **진한 빨간색**), **바륨**(Ba, **황록색**)

여름의 밤하늘을 수놓는 불꽃놀이는 불꽃 반응을 능숙하게 살린 장인들의 솜씨랍니다.

금속 결정의 모식도

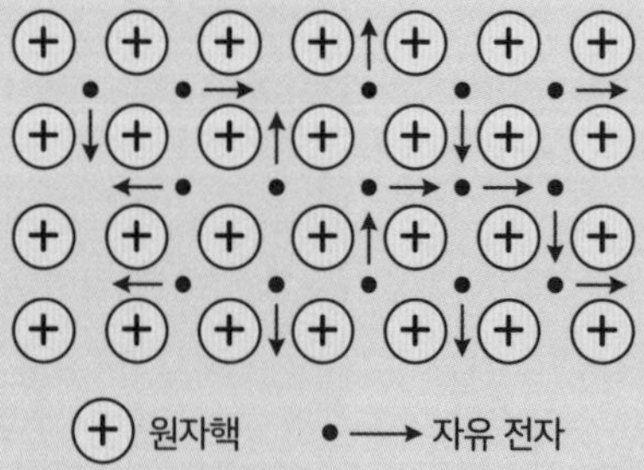

47 철: 북극성에서 자석으로

Keyword 철 핵융합 초신성 폭발 무거운 원소 자석 자철광 청동기

철(원소 기호: Fe, 양성자 수: 26)은 태양 같은 항성에서 **핵융합**(원자핵과 원자핵의 융합으로 양성자 수가 많은 별개의 원자핵이 되는 반응)이 일어나 만들어지는 가장 무거운 원소입니다. 그보다 무거운 원소도 수없이 많지만, 그러한 원소들은 **초신성 폭발**로 생긴다고 추정됩니다. 지구에도 금과 은처럼 철보다 **무거운 원소**가 매우 많은데, 학자들은 이를 태양계가 초신성 폭발의 잔해로 이루어졌다는 증거로 여깁니다.

철은 지구에도 인류에게도 특별한 금속입니다. 철을 다른 금속과 구별하는 의미를 담기 위해 **비철금속**이라는 용어가 생길 정도입니다. 참고로 **비수용액**이라는 용어로 알 수 있다시피 물 역시 모든 생물에게 특별한 액체입니다.

지구에서 우리가 사는 **지각**이라는 부분은 강과 바다를 비롯하여 지구 표면을 덮은 아주 얇은 층입니다. 사과로 비유하면 껍질에 해당합니다. 안으로 들어가면 마그마가 있고, 마그마가 간헐적으로 뿜어져 나와 형성된 자연물이 화산입니다. 마그마가 데운 지하수가 지상으로

분출되면 온천이 됩니다.

마그마 안쪽에는 액체 상태의 철이 흐릅니다. 지구가 전체적으로 **자석**인 이유는 이 때문입니다. 가끔 발견되는 자석(**자철광**)이 철을 끌어당기는 현상은 고대 그리스 사람들도 알고 있었는데, 사람들은 이에 관해 여러 설을 제기해왔습니다. 계속되는 논쟁 속에 나침반의 N극이 북쪽을 가리킨다는 사실이 14세기에 밝혀졌습니다. 원리는 설명할 수 없었지만 뚜렷한 사실로 자리 잡았습니다. 그전까지는 먼바다에서 항로를 잡을 때 북극성에 의지했지만, 이제 별이 보이지 않을 만큼 흐린 날이나 낮에도 방향을 똑바로 잡을 수 있게 되었습니다. 대항해 시대의 막이 열린 것이지요. 지동설과 지구 구형설이 힘을 얻은 시기도 이즈음입니다. 참고로 N극이 북쪽을 가리키므로 지구라는 자석의 S극은 북극, N극은 남극이 됩니다.

앞서 설명했다시피 인류가 석기 대신 최초로 사용한 금속 도구는 **청동기**였습니다. **끓는점**이 철보다 낮고 가공하기 쉬웠기 때문입니다. 지역마다 시기는 약간씩 다르지만, 기원전 3000년부터 기원전 1000년까지를 청동기라고 합니다. 이후 인류는 철기를 사용하기 시작했고 현대에 이르렀습니다. 철은 처음부터 순수한 금속으로 만들어지지 않고 산화물로 존재합니다. 철 산화물을 제련한 철 금속을 고온(철의 끓는점은 1,538℃)에 녹여서 다양한 도구로 만들기까지의 과정은 청동보다 힘들었습니다. 당시는 기본적으로 목재를 연료로 사용했으므로 고온에 다다르려면 바람이 잘 드는 지형에 터를 잡아야 했기에 자연스레 철기

문명이 발달하기 적합한 땅은 한정되었습니다. 최초로 철기를 쓴 세력은 기원전 1400년경의 **히타이트 왕국**이었습니다. 철기는 가공하기 힘들지만 일단 만들면 청동기보다 단단하고 튼튼했습니다. 철기로 무장하여 청동기로 무장한 군대보다 강력했던 히타이트군은 **메소포타미아 문명**을 멸망시키면서 세력을 확장했습니다.

다들 아시다시피 철의 제련 기술은 전 세계로 퍼졌고, 철이 없었다면 오늘날의 문명을 이룩할 수 있었을지 상상하기 어렵습니다. 다른 금속을 첨가한 합금이나 탄소를 섞어 경도를 높인 탄소강 등 다양한 방식으로 개량된 철이 쓰였습니다. 건물을 지을 때 철근 콘크리트를 빼놓을 수 없는데, 콘크리트만으로 지으면 진동에 약해서 무너지기 쉬우므로 안에 철근을 넣어 약간 흔들릴 수는 있어도 붕괴하지 않도록 설계한 방식입니다.

지구의 구조

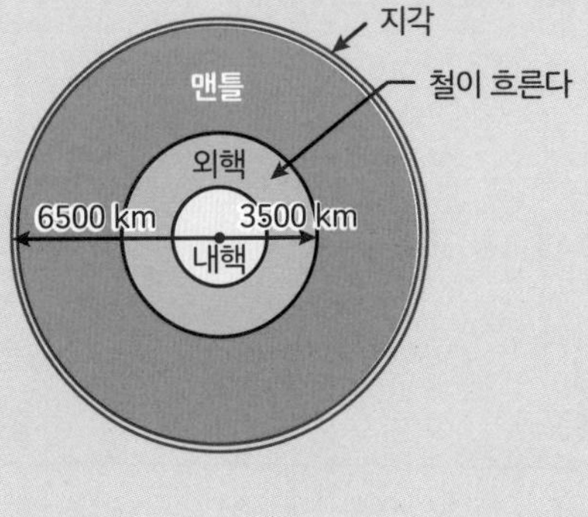

48 보석: 루비, 사파이어, 에메랄드

Keyword 루비 사파이어 산화알루미늄 보크사이트 에메랄드 수정 석영 진주 산호 탄산칼슘

간단하게 **보석**이라고 하지만 종류도 각양각색이고 가격도 저마다 다릅니다. 색채와 광택이 예쁘고 단단해서 흠집이 잘 안 나며 산출량이 적다는 특징이 있지만, 사람의 취향이 다른 만큼 장식품을 정확히 정의 내릴 수도 없는 데다 사람마다 가격에 다른 의미를 부여하기도 합니다.

화학적으로 보석은 **탄소**(C)가 없는 **무기 화합물** 혹은 **광물**입니다. 조개와 산호처럼 생물의 몸 안에서 만들어지는 보석도 있습니다. "사실 이러이러합니다" 하고 보석의 정체를 화학적으로 설명하면 도리어 실망할지도 모릅니다.

대표적인 보석으로 꼽히는 **다이아몬드**는 순수한 탄소이므로 화학적으로도 다른 보석과는 전혀 다릅니다. 화학적으로는 그을음, 연필심과 같은 물질입니다.

여기서는 대표적인 보석으로 **루비**와 **사파이어**를 꼽아볼까요. 둘 다 **산화알루미늄**(Al_2O_3) 결정으로 만들어지는데, 소량의 크롬(Cr)이 섞

이면 짙은 빨간색을 띠는 루비가 되고 철이나 타이타늄 등 다른 불순물이 섞이면 사파이어가 됩니다. 산화알루미늄의 정체는 일상에서 많이 쓰는 포일 같은 알루미늄과 공기 중의 산소가 결합한 화합물입니다. 산화알루미늄은 일반적으로 **보크사이트**라는 광물의 형태로 채굴하며 이를 전기 분해하면 알루미늄 금속을 얻을 수 있습니다. 보석은 금속에 우연히 불순물이 잘 들어가서 만들어진 셈이지요. 흠, 역시 기대와 다르군요!

에메랄드라고 하면 보석보다는 에메랄드그린이라는 아름다운 바다색을 떠올리는 사람도 흔합니다. 구조가 다소 복잡한데, 화학식으로 나타내면 $Be_3Al_2Si_6O_{18}$입니다. 앞에서 소개한 산화알루미늄(Al_2O_3)과 **실리카**(SiO_2, 바닷가의 모래)에 **베릴륨**(Be)이 더해진 식입니다. 에메랄드도 화학식만 보면 희소가치가 높다고는 할 수 없겠습니다.

수정의 일반명은 **석영**(**이산화규소**(SiO_2) 결정)으로, 화학적으로는 바닷가에 있는 모래와 같은 물질입니다. 모래와 달리 아름다운 결정이어서 수정이라고 불립니다. 수정은 보석으로서의 가치뿐만 아니라 전자공학에서도 필수 부품으로 쓰일 만큼 중요한 성질이 있습니다. 수정 대신 **쿼츠**Quartz라고 하면 와닿을지도 모르겠습니다. 전압을 걸면 수정이 규칙적인 속도로 진동합니다. 시간의 흐름을 표현할 때 이 특성을 응용하여 **정확한 시계**를 만들 수 있습니다.

지금까지는 주로 암석에서 채굴하는 보석을 소개했지만, 생물이 만드는 보석도 있습니다. **진주**와 **산호**가 대표적입니다. 진주의 성분은 기본적으로 조개껍데기와 같으며 화학명은 **탄산칼슘**($CaCO_3$), 즉 **석회암**입니다. 조개껍데기는 외투막(연체동물의 몸을 싼 막_옮긴이)으로 만들어지는데, 가끔 외투막이 안쪽으로 들어가면 조개 안쪽에서 껍데기가 만들어지면서 진주가 됩니다. 일본에서는 진주조개를 양식하는 데 성공했습니다. 한편 산호는 동물이지만 장식용 심해 산호는 골격 성분이 나뭇가지처럼 뻗어 있으며 주성분은 진주와 같습니다.

보석

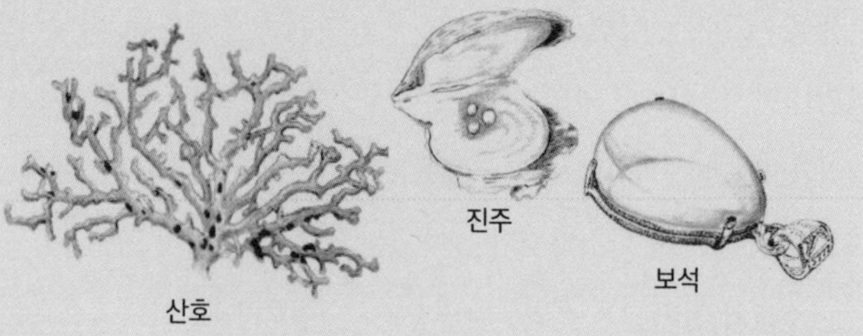

49 파르테논 신전과 타지마할

Keyword 콘크리트 포틀랜드 시멘트 생석회 석회암 보크사이트 대리석 벽돌

콘크리트는 강도가 뛰어나고 가격이 저렴한 데다 시공하기도 쉬워서 가장 광범위하게 쓰이는 건축 자재입니다. 주로 대형 건축물, 도로, 댐, 다리, 터널 등 규모가 큰 건축에 쓰입니다. 양쪽에서 미는 힘(압축력)에는 강하지만 잡아당기는 힘(인장력)에는 약해서 무너지기 쉽다는 단점이 있는데, 대부분 이를 보완하기 위해 봉 형태의 철근을 넣어 강화합니다. 이것이 바로 철근 콘크리트입니다.

일반적으로 모래와 자갈, 물, 시멘트를 섞어 만드는데, 시멘트 대비 물의 양을 적게 하면 콘크리트의 강도가 높아집니다. 하지만 굳는 시간이 짧아 작업하기 어려우므로 보통은 이를 막기 위해 다양한 화학 물질을 섞어 만듭니다.

콘크리트에 넣는 시멘트는 **포틀랜드 시멘트**로, 주성분은 알라이트($3CaO \cdot SiO_2$), 벨라이트($CaO \cdot SiO_2$), 알루미네이트($3CaO \cdot Al_2O_3$) 등이며 클링커라는 이름으로 시중에 판매되고 있습니다. 공통으로 **생석회**(산화칼슘(CaO))가 들어 있으며 원료는 **석회암**($CaCO_3$)입니다. 실리카(SiO_2)는

바닷가의 모래와 같은 성분이며 산화알루미늄(Al_2O_3)은 알루미늄의 원료인 **보크사이트**라고도 합니다. 그 밖에도 석고(황산칼슘($CaSO_4$))를 넣은 시멘트 가루를 구워 만들기도 합니다. 콘크리트 건축물의 수명은 벽의 두께에 따라 결정되는데, 물의 양을 시멘트의 50% 이하로 제한하고 철근을 충분히 넣으면 수명을 수백 년까지도 늘릴 수 있다고 합니다. 시멘트 공업은 이처럼 가격이 싼 원료를 대량으로 섞어서 만들기 때문에 원료 운반 비용이 제품 가격에 영향을 미치는 구조입니다. 일본에서는 석회암 산지가 가깝고 원료와 제품을 배로 운반할 수 있는 세토 내해 연안에서 시멘트를 대량 생산합니다.

콘크리트가 없을 때는 **대리석**이나 **벽돌**로 대형 건축물을 지었습니다. 점토를 구워 만드는 **벽돌**의 화학 성분은 규소(Si), 마그네슘(Mg), 알루미늄(Al) 혹은 지르코늄(Zr) 산화물입니다. 적갈색이 많아도 근본적으로는 콘크리트와 다르지 않습니다. 일본에는 메이지 시대(1868~1912) 이후에 들어왔지만, 벽돌을 쌓아서 지은 건축물은 지진에 약해서 유럽만큼 자주 보이지 않습니다.

대리석의 화학식은 $CaCO_3$로, 진주나 석회암과 같습니다. 그러나 대리석은 만드는 과정에서 열과 압력을 받고 변성되어 단단한 암석으로 변한 물질입니다. 외형은 예쁘지만 단단해서 가공하기 어려운 탓에 특별한 건축물을 만들 때만 쓰입니다. 세계적으로 유명한 대리석 건축물로는 인도의 타지마할과 그리스의 파르테논 신전이 있습니다. 건축물만큼 크지는 않지만, 유명한 조각품에 쓰이는 재료이기도 합니다.

미켈란젤로의 다비드상이나 에게해의 사모트라케섬에서 발견된 대리석상(사모트라케의 니케)이 유명합니다.

대리석으로 만든 건축물과 조각상

타지마할

파르테논 신전

다비드상

사모트라케의 니케

콘크리트로 만든 댐

구로베 댐

50 유리

Keyword 유리 무기 화합물 이산화규소 비결정 소다 석회 유리 포타슘 석회 유리 납 규산 유리

유리는 일상에서 찾을 수 있는 대표적인 **무기 화합물**입니다. 창문, 컵, 내열 냄비, 렌즈, 그리고 플라스크와 페트리 접시 같은 실험 기구에까지 폭넓게 쓰이며 최근에는 광섬유를 비롯한 첨단 기기에도 유리가 들어갑니다. 천연 유리는 메소포타미아 문명 당시에도 알려졌던 것으로 보이나, 유리를 직접 만들기 시작한 시기는 이탈리아 베네치아에서는 13세기 말, 다른 나라에서는 17세기 무렵부터입니다.

유리는 용도에 따라 여러 종류로 나뉘며 제각기 구성 성분이 다르지만, 모두 **이산화규소**(SiO_2)가 들어 있습니다. 보석(48 참조)이나 콘크리트(49 참조)를 설명할 때도 등장한 광물이지요. 이산화규소에 다른 금속 산화물을 섞으면 **비결정**(분자 배열이 규칙적인 결정과 달리 배열이 불규칙한 물질) 상태로 굳으면서 투명해집니다.

유리를 종류와 성분에 따라 분류하면 다음과 같습니다. **소다 석회 유리**는 창문에 쓰이는 일반적인 판유리입니다. 산화소듐(Na_2O) 대신 산화포타슘(K_2O)이 들어간 **포타슘 석회 유리**는 내약품성이 뛰어나 실

소다 석회 유리	SiO_2 75%, Na_2O 15%, CaO 10%
포타슘 석회 유리	SiO_2 75%, K_2O 15%, CaO 10%
납 규산 유리	SiO_2 20%, PbO 60%, K_2O 20%

험 기구로 쓰입니다. 산화납(PbO)이 들어 있는 **납 규산 유리**는 광학 렌즈와 크리스털 유리로 쓰입니다. 나아가 산화알루미늄(Al_2O_3)과 산화붕소(B_2O_3)가 함유된 유리는 내열성이 뛰어나 내열 냄비, 연소관(원소 분석 실험에서 시료를 연소할 때 쓰이는 내열성 관_옮긴이), 온도계, 실험 기구 등에 쓰입니다. 참고로 소듐(Na)과 포타슘(K), 알루미늄(Al)과 붕소(B)는 각각 주기율표에서 같은 열(족)에 있는 원소입니다.

예쁜 색을 입힌 유리는 교회의 스테인드글라스에서 찾아볼 수 있는데, 물감이나 페인트를 칠한다고 유리에 색이 들어가지는 않습니다. 색을 입히려면 다양한 화합물을 섞은 다음 구워야 합니다. 유리 색과

빨간색	셀레늄(Se), 금(Au), 구리(Cu), 타이타늄(Ti)
주황색	황화카드뮴(CdS)
노란색	산화카드뮴(CdO), 산화니켈(NiO), 은(Ag)
황록색	산화우라늄(UO_2), 삼산화이바나듐(V_2O_3)
초록색	삼산화크로뮴(CrO_3)
파란색	산화코발트(CoO), 산화구리(CuO), 금
보라색	삼산화이망가니즈(Mn_2O_3)
회색	사산화삼철(Fe_3O_4), 황화철(FeS), 백금(Pt)

필요한 화합물을 정리하면 표와 같습니다.

일본 나가사키의 특산물, 유리 세공품

교회의 스테인드글라스

일본 헤이안 시대의 궁녀 세이 쇼나곤이 지은 수필 《베갯머리 서책》에는 다음과 같은 글이 있습니다.

"'쇼나곤아, 향로봉의 눈은 어떠하냐' 하고 말씀하시매 격자를 올리게 하고 발을 높이 걸어 올리자 웃으시었다. 여방女房들도 '모두가 그 시*를 알고 있고, 와카**로 읊으면서도 미처 생각지 못했구나. 역시 중궁中宮님을 모시는 여방이라면 저 정도는 되어야 하는가'라고 하였다."

옛날에는 산에 덮인 눈을 볼 때면 겨울이라도 발을 걷고 보았던 모양입니다. 지금이라면 유리가 있어서 추위를 느끼지 않겠지요.

---

* 그 시: 중국 당나라의 시인 백낙천의 시 〈향로봉에 남은 눈을 발 걷고 바라보네〉

** 와카(和歌): 5·7·5·7·7의 음절을 맞춘 일본의 전통 정형시가.

51 세라믹

Keyword 세라믹 도자기 토기 도기 자기 파인 세라믹

세라믹은 넓은 의미로는 유리와 시멘트를 비롯하여 땅에서 채굴한 각종 비금속 원료를 불에 구워 만든 물건의 총칭이지만, 좁은 의미로는 도자기 및 파인 세라믹Fine ceramics(내열성·내식성·절연성 등의 특성을 고도화하기 위해 원료의 미세조직과 형태를 제어 및 가공한 고성능·고기능성 세라믹_옮긴이)을 가리킵니다.

도자기는 인류가 예로부터 사용해온 그릇 및 건축물의 재료입니다. 간단하게는 점토를 굽기만 해도 만들 수 있습니다. 일반적으로 경도가 높지만 깨지기 쉽고 내열성이 뛰어나며 금속보다 가볍습니다.

토기는 철분이 많은 점토를 1,000℃에서 구워 만든 가장 간단한 그릇입니다. 화분, 지붕 기와, 붉은 벽돌 등을 만들 때 씁니다. **도기**陶器는 비교적 고급 원료를 700~900℃에서 굽고 유약을 발라 1,200℃ 이상에서 굽거나 약 1,200℃에서 초벌구이한 다음 색을 입혀 800℃에서 구워 완성합니다. 식기, 타일, 그리고 변기, 세면대, 욕조 등의 위생 시설 부속물을 만들 때 이용합니다. **자기**磁器는 흰색 원료로 만들며 도기

보다 높은 온도에서 굽습니다. 유리처럼 매끈하고 광택이 있으며 단단한 데다 두드리면 맑은 소리가 납니다. 식기, 장식품, 실험 기구 등을 만들 때 씁니다. 도자기를 만들려면 적당한 점토가 가까이에 있어야 하므로 그 지역의 이름이 붙은 상품으로도 종종 접할 수 있습니다.

앞에서 설명한 유리와는 달리 도자기에 색을 입히려면 유약을 발라야 합니다. 하지만 유약을 바르고 고온에서 굽는 방식 때문에 그림 물감은 쓸 수 없습니다. 주로 쓰는 유약의 종류는 다음과 같습니다.

노란색 또는 빨간색	황화카드뮴(CdS), 싸이오셀레늄화카드뮴(CdS·CdSe)
빨간색 또는 보라색	금(콜로이드* 상태)
초록색	크로뮴 화합물
파란색	코발트 화합물
적갈색	철 화합물

세라믹은 식기와 도자기처럼 일상에서 사용하는 용도 외에도, 장점인 내열성을 살려 **원자로**와 **로켓**의 외벽에도 쓰입니다.

파인 세라믹의 원료에는 천연에서 채굴하는 자원뿐만 아니라 인

* 콜로이드(Colloid): 1~100nm 크기의 입자가 기체 또는 액체 중에 분산된 상태의 혼합물.

** 하사미 도자기: 일본 나가사키의 하사미초에서 만드는 도자기로, 400년이 넘는 역사를 자랑하는 지역 특산품이다.

*** 애자(礙子): 송전선에서 전기를 절연하기 위해 이용하는 기구. 도자기 외에 유리나 PVC로 만들기도 한다.

공 화합물도 포함됩니다. 천연물이든 인공물이든 고도로 정제되어 화학적 조성이 파악된 물질을 목적에 맞게 사용합니다. 파인세라믹의 화학 성분은 알루미늄(Al)·지르코늄(Zr)·타이타늄(Ti)·바륨(Ba)·납(Pb)·마그네슘(Mg) 등의 금속과 산소가 결합한 금속 산화물 또는 탄소(C)·규소(Si)·질소(N)로 구성된 화합물(예: 질화알루미늄(AlN), 질화규소(Si_3N_4), 탄화규소(SiC) 등)이 많고 용도가 굉장히 광범위합니다. 단단하고 가벼운 특성을 살려 자동차 부품으로 들어가거나 금속 부품을 대체하기도 합니다. 가위 날처럼 단단함을 살린 일용품으로도 쓰입니다. 원료에 따라 생체에 부작용이 없다는 점을 활용하여 인공 뼈와 인공 관절을 제작하기도 합니다. 인공 관절과 인공 판막은 이식

하사미 도자기**

우주왕복선

애자***

후 평생 사용하는 것이 아니라 일정 주기마다 교체해야 합니다. 주기가 길수록 환자에게는 고마운 일이겠지요. 10년에 한 번보다 20년에 한 번 수술하는 쪽이 좋듯이 수명 면에서는 세라믹이 훨씬 뛰어납니다. 그리고 훌륭한 절연체이기도 한 세라믹의 내후성을 활용하여 전자기기와 애자를 만들 때도 사용합니다.

우리 몸에 들어 있는 금속 이온

생명체의 주요 구성 물질은 단백질, 당, 지질, 핵산, 물이며 원소로는 산소(O), 수소(H), 탄소(C), 질소(N), 인(P), 황(S) 여섯 종류입니다. 그 밖에도 비교적 가벼운 금속 이온인 칼슘(Ca^{2+}), 포타슘(K^{+}), 소듐(Na^{+}), 마그네슘(Mg^{2+}), 알루미늄(Al^{3+})을 포함한 원소는 몸 전체의 99.3%를 차지합니다. 칼슘은 뼈에 필요하고 소듐과 포타슘은 신경 전달에 없어서는 안 될 이온입니다.

하지만 이러한 원소만으로는 생명을 유지할 수 없으므로 철(Fe^{2+}), 아연(Zn^{2+}), 망가니즈(Mn^{2+}), 코발트(Co^{2+}), 구리(Cu^{2+}), 몰리브데넘(Mo^{2+}), 니켈(Ni^{2+}), 아이오딘(I), 규소(Si), 크로뮴(Cr^{3+}), 셀레늄(Se), 플루오린(F) 등도 극미량이나마 필요합니다. '2+'처럼 숫자가 붙은 원소는 몸속에서 이온으로 존재하며 전하량이 얼마인지를 나타냅니다. 이러한 미량의 이온은 대부분 단백질과 결합하여 단백질의 입체 구조를 유지하거나 산소 운반에 중요한 역할을 담당합니다. 몸속 금속 이온의 종류와 조성은 바닷물과 비슷한데, 생명이 바닷속에서 탄생했다는 사실과 관계가 있지 않을까 추측해봅니다. 일반적으로는 균형 잡힌 식사를 하면 미량의 금속 이온도 부족하지 않게 섭취할 수 있습니다.

의약품 중에도 미량의 금속 이온이 함유된 의약품이 있습니다. 가령 항암제 시스플라틴에는 백금(Pt)이 들어 있고, 알루미늄 이온(Al^{3+})이나 아연 이온(Zn^{2+})이 들어 있는 위궤양 치료제도 있습니다.

제11장

건강과 화학

52 의약품의 원리

Keyword 의약품 항생 물질 수용체 항원 항체 효소 면역 체계 백신 신형 코로나바이러스 감염증

의약품은 작용 방식에 따라 여러 종류로 나뉩니다. 병원성 세균을 사멸시키거나 세균의 증식을 억제하는 의약품은 항생제(항균제), 항생제 중에서도 미생물이 만들어 내는 물질을 항생 물질이라고 합니다. 항암제 중에도 암세포의 활성을 억제하거나 죽이는 약은 항암성 항생 물질로 분류됩니다. 살아 있는 세포를 공격한다는 의미에서는 차이가 없습니다. 항암제는 작용 기전Mechanism에 따라 다양하게 나뉘는데, 어떤 방식이든 정상 세포와 똑같이 우리 몸의 세포인 암세포를 정상 세포와 구별할 수 있는지가 핵심입니다.

몸속 수용체에 작용하는 의약품도 있습니다. 54에서 소개할 항히스타민제도 그중 하나입니다. 외부에서 이물질이 침입하면 몸은 알레르기 증상을 일으킵니다. 침입자(항원)와 이에 대항하는 항체가 결합한 복합체가 비만 세포Mast cell(면역 세포의 일종으로 지방이 쌓여 나타나는 비만과는 관계없음)의 수용체에 작용한 결과 **히스타민**, **세로토닌**, **류코트리엔** 등의 화학 물질이 방출되기 때문입니다. 이 화학 물질이 각각의 수

용체에 결합하면 재채기, 콧물, 발열 등 다양한 증상이 나타납니다. 항히스타민제는 히스타민이 수용체에 결합하지 못하도록 방해함으로써 증상을 억제합니다.

몸속에서 일어나는 화학 반응에는 모두 **효소**라는 단백질이 관여합니다(42 참조). 특정 효소의 작용을 방해하는 물질은 의약품으로 쓰이기도 합니다. 대표적인 사례가 혈액의 **콜레스테롤 수치**를 낮추는 고지혈증 치료제입니다. 콜레스테롤 **생합성**의 촉매로 작용하는 효소가 활성화하지 못하도록 억제하는 약입니다(자세한 내용은 55에서). 의약품이라고 부르지는 않겠지만, 지방 흡수를 억제해서 우리 몸을 건강하게 만드는 차는 **지방 분해 효소를 방해하는 작용을 활성화**합니다. 차는 지방을 **지방산**과 **글리세린**으로 분해하는 **라이페이스**라는 **효소**의 작용을 억제하므로(31 참조), 지방을 섭취해도 소화되지 못하고 몸속에 흡수되지 않습니다. 반대로 효소를 복용했더니 건강해지기도 합니다. 소화제의 실체는 효소로, 음식의 대사를 돕는 약이지요.

포유류는 원래 의약품의 도움 없이도 침입자의 독성을 없애고 제거하는 요소를 가지고 있습니다. 이를 **면역 체계**라고 합니다(69 참조). 침입자에 대항하여 싸우는 세포가 있고 항체라는 단백질을 만드는 세포가 있는데, 둘의 협동 작전으로 침입자를 제거합니다. 항체가 만들어지기까지 수일이 걸리며 나이가 들수록 항체를 만드는 능력은 떨어집니다. 따라서 침입자의 정체를 알면 독성을 약화한 세균 또는 바이러스를 인위적으로 주사하여 항체를 생산하는 세포에 적을 알림으로

써 실제로 적이 침입해올 때를 대비할 수도 있습니다. 이것이 바로 **백신**입니다. 홍역을 비롯한 몇몇 질병에 대처하기 위해 유아기에 백신을 접종하며 인플루엔자도 백신으로 대처할 수 있습니다. **신형 코로나바이러스 감염증**(COVID-19)에 대해서도 마찬가지로 전 세계 사람들이 새롭게 개발된 백신을 맞고 있습니다.

백신은 아니지만, **니볼루맙**은 암세포에 작용하는 면역 세포 및 항

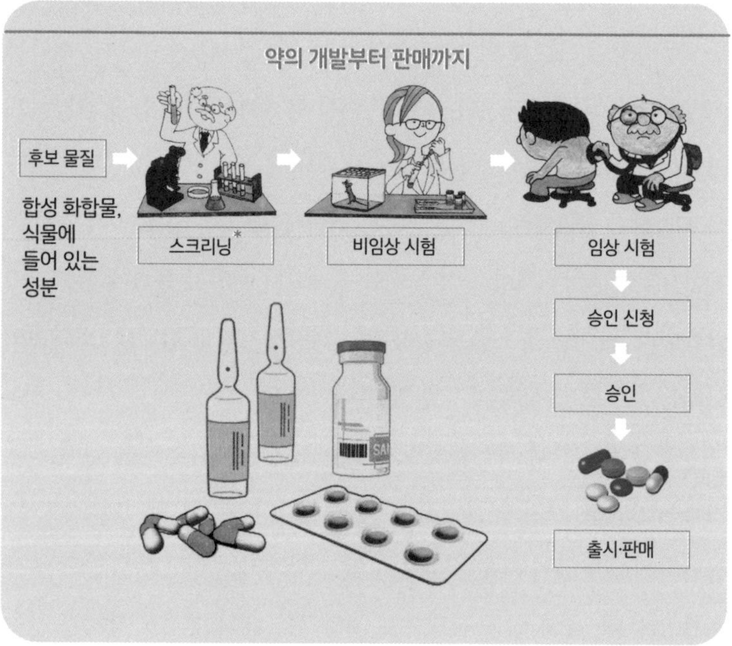

* 스크리닝(Screening): 발굴한 신약 후보 물질 중 목적에 부합하는 특정 물질만을 선별하는 작업.

체를 활성화하는 항체 의약품으로, 2018년 노벨 생리학·의학상 수상자인 혼조 다스쿠本庶佑와 오노약품공업이 연구 끝에 발견했습니다.

질병을 직접 치료하는 약은 아니지만, 마취제 역시 중요한 약품입니다. 마취제가 있었기에 고통 없이 수술할 수 있고 몸에 가는 부담도 덜 수 있었습니다. 큰 외과수술을 할 때 전신 마취제로 쓰이는 플루오린 함유 화합물에 대해서는 36에서 자세하게 다뤘습니다.

53 의약품의 생산

Keyword 가상 신약 탐색 미생물 배양 효소 반응 유기 합성 화학 서양주목 택솔 iPS 세포

새로운 의약품을 개발할 때는 어떤 구조의 화합물이 유효한지부터 알아내야 합니다. 따라서 일단 자연계에서 새로운 화합물을 발견한 다음 그 안에서 약효가 있는 물질을 찾는 과정이 일반적입니다. 미생물의 대사산물이나 이끼를 비롯한 식물 그리고 해양 생물 등에 들어 있는 물질에서 후보 물질을 찾는데, 미량의 유효 성분을 얼마나 빨리 발견하느냐가 중요합니다. 최근에는 컴퓨터도 신약 후보 물질 탐색에 활용하며 이를 **가상 신약 탐색***in silico* screening(실리콘 칩으로 만든 컴퓨터를 활용한 스크리닝)이라고 합니다.

약의 효과를 판단하기란 사실 꽤 까다롭습니다. 항생 물질이나 효소 저해제라면 **미생물 배양** 또는 **효소 반응**을 통해 데이터를 얻을 수 있으므로 그렇게 어렵지는 않습니다. 암세포를 배양하여 실험할 수 있는 항암제 역시 비교적 판단하기 쉬운 축에 속합니다. 하지만 정신 안정제와 치매 치료제는 약효를 확인하기 쉽지 않습니다. 동물 실험을 진행해야 하는데, 이것만으로도 미생물 배양이나 효소 반응보다 시간

과 비용이 필요하고 노력을 기울여야 합니다.

다행히 유효 성분을 발굴하더라도 천연물에 들어 있는 양이 적은 탓에 추출 공정을 실용화하기 어려운 경우가 대부분입니다. 따라서 유효 물질의 구조를 알아낸 다음 **유기 합성 화학** 기술로 합성하는 방식을 취합니다. 해당 천연물뿐만 아니라 구조가 약간 다른 화합물까지도 폭넓게 합성하여 더 약효가 강한 물질을 얻을 수 있으므로 합성 기술은 굉장히 중요합니다.

유기 합성의 유용성을 증명한 전형적인 사례는 **서양주목***Taxus baccata*에서 채취한 항암 물질 **택솔**Taxol입니다. 나무껍질에서 분리한 화합물로, 주목으로부터 얻을 수 있는 양이 극히 적은 데다 나무껍질을 벗겨내면 나무가 말라 죽고 말지요. 따라서 화합물을 유기 합성으로 만들 수밖에 없었습니다. 택솔의 구조식은 매우 복잡합니다. 비대칭 탄소(11 참조)를 여러 개 포함하고 있어 합성하기 힘든 화합물이지만, 20세기 말 몇몇 연구팀에서 택솔 합성에 성공했습니다. 이후 주목의 잎에서 유사 화합물을 채취할 수 있다는 사실을 발견했고, 이를 원료 삼아 합성 경로를 상당히 단축할 수 있게 되었습니다.

그러나 간신히 약효가 높은 물질을 발견하고 효율적인 합성 방법을 개발하더라도 거대한 난관이 기다리고 있습니다. 최종 단계인 동물 실험이나 실제로 사람에게 투여하는 임상 시험에서 심각한 부작용이 나타나 실용화하지 못한 의약품도 적지 않습니다. 안타깝게도 최종 관문에서 고꾸라지면 여태껏 투자한 개발 비용이 허사로 돌아가고 맙니다. 그 개발 비용은 전부 시장에 출시한 의약품의 매상으로 회수해야 하므로 의약품의 가격이 원료 가격보다 현저히 높아질 수밖에 없지요.

iPS 세포 Induced pluripotent stem cells(유도만능줄기세포)는 의약품 개발에도 유용하게 쓸 수 있는 무기입니다. iPS 세포는 다양한 장기로 자라날 수 있는 세포로, 인간의 장기 세포를 만들 때도 iPS 세포를 이용할 수 있습니다. 그 덕분에 동물 실험이나 임상 시험을 하지 않고도 각종 장기에 대한 의약품의 효과와 부작용을 페트리 접시에서 실험할 수 있습니다. 혹은 특정 장기 세포를 질병에 걸렸을 때와 같은 상태로 만들어, 정상으로 되돌릴 의약품을 발굴할 수 있을지도 모릅니다.

택솔의 구조식

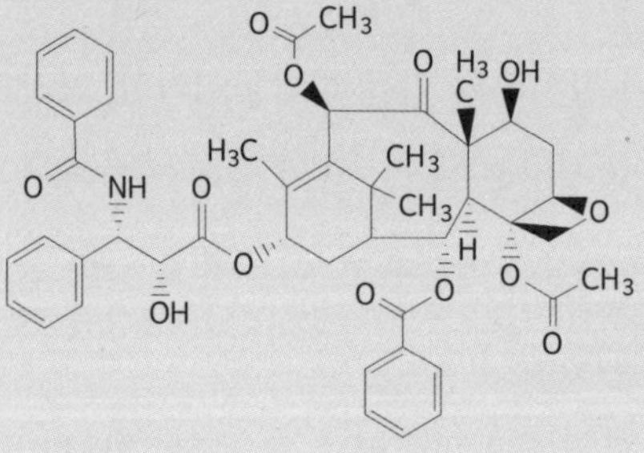

서양주목

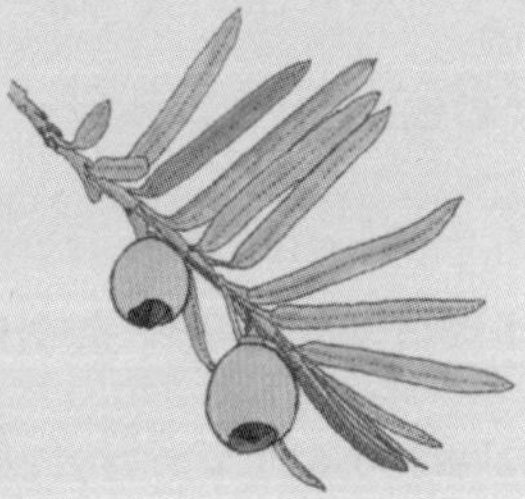

54 방해꾼: 항히스타민제

Keyword 항원 항체 히스타민 세로토닌 류코트리엔 화학 매개체 수용체

항원(알레르겐)이 몸속으로 침입하면 항원과 싸우기 위해 항체를 만드는 세포가 **항체**(단백질)를 만듭니다. 항원-항체 복합체가 비만 세포를 비롯한 각종 세포의 수용체에 작용하거나 외부로부터의 자극 또는 효소의 촉매 작용으로 분비된 **히스타민**, **세로토닌**, **류코트리엔** 등의 화학 물질이 각각의 수용체에 결합하면 다양한 증상이 발현됩니다. 이러한 화학 물질을 **화학 매개체**Chemical mediator라고 합니다.

히스타민은 발열, 재채기, 콧물 등 알레르기 증상의 원인 물질입니다. 증상을 일으키는 방아쇠는 히스타민과 히스타민 **수용체**(단백질)의 결합입니다. 히스타민 수용체는 적어도 H_1, H_2, H_3, H_4 네 종이 있습니다. 히스타민이 H_1 수용체에 결합하면 알레르기 증상이 나타납니다. H_2 수용체에 결합하면 위산이 많이 분비되어 위궤양의 원인이 됩니다.

항히스타민제는 히스타민 수용체를 차단해서 히스타민이 수용체에 결합하지 못하도록 방해하는 약입니다. 따라서 알레르기 증상을 억제하지만, 질병 자체를 치유하지는 못하므로 주의가 필요합니다.

화학 매개체를 방출하는 원리

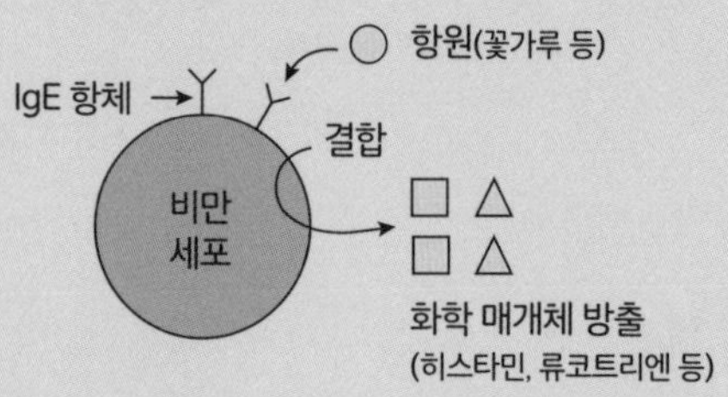

항원-항체 복합체(항원과 항체가 결합한 물질)가 비만 세포에 결합하면 화학 매개체가 방출됩니다.

히스타민과 항히스타민제 시메티딘

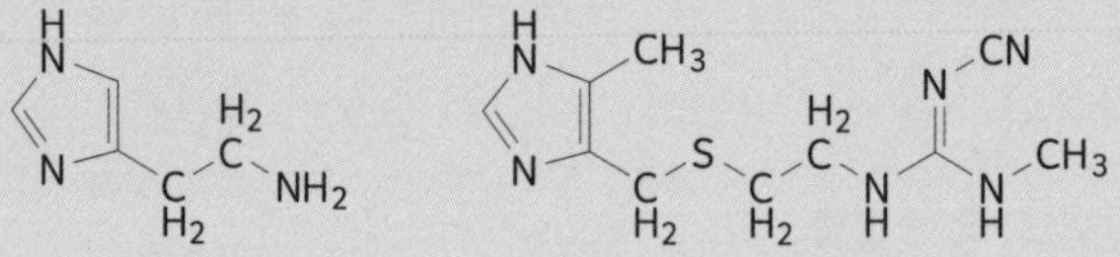

히스타민　　　항히스타민제 : 시메티딘

위산은 음식물을 소화하는 데 필요하지만, 지나치게 분비되면 위벽을 침식하여 위궤양을 일으키기도 합니다. H_2 차단제는 위산의 분비를 억제하는 작용이 있어 위궤양 치료제로 쓰입니다. 이처럼 의약품으로 사용하려면 특정 수용체를 선택적으로 차단하는 능력이 있어야 하므로 화학 구조가 매우 중요합니다.

세로토닌은 장의 운동을 활발하게 합니다. 그래서 소화관에 세로토닌이 지나치게 많이 분비되면 설사를 일으키고 분비량이 적으면 변비에 걸립니다. 일부 세로토닌은 혈소판으로 흡수되어 혈액 응고와 혈관 수축, 통증 조절, 뇌혈관의 수축 조절 등에 관여합니다. 나아가 뇌에도 작용하여 감정 조절 및 정신 안정에도 영향을 줍니다.

류코트리엔은 기관지 수축 및 혈관 확장에 큰 효력을 발휘합니다. 류코트리엔이 수용체에 결합하지 못하도록 방해하는 프란루카스트 같은 길항제는 기관지 천식 치료에 쓰입니다. 류코트리엔은 구조가 비슷한 화합물 여섯 종이 밝혀졌습니다.

세로토닌과 세로토닌 길항제 돔페리돈

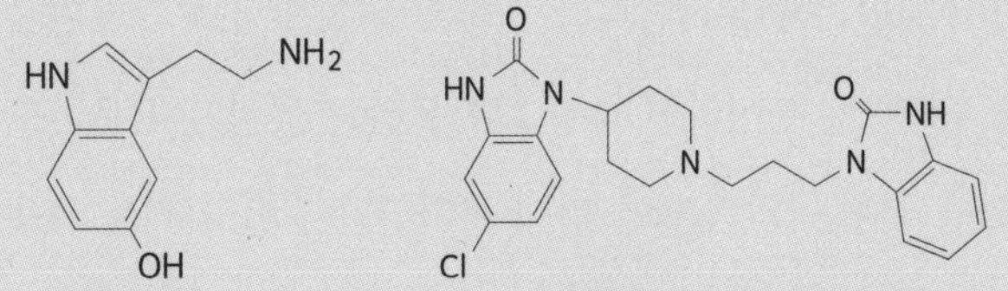

세로토닌

세로토닌 길항제: 돔페리돈

류코트리엔과 류코트리엔 길항제 프란루카스트

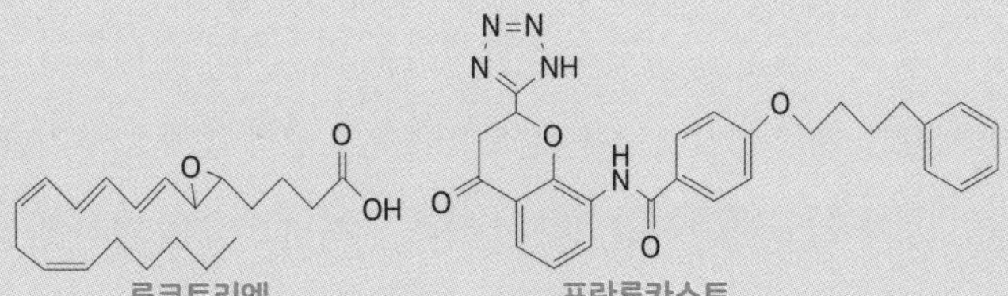

류코트리엔

프란루카스트

55

효소 저해제

Keyword 촉매 효소 저해제 콜레스테롤 고지혈증 프라바스타틴 라이페이스 저해제

효소 단백질이 작용하면 세포에서 일어나는 모든 화학 반응의 속도가 빨라집니다. 세포 안에 있는 다양한 화학 물질은 화학적으로 혼합물 상태이지만, 특정 화합물의 반응만 빠르게 하는 효소라는 **촉매**가 존재하므로 질서 정연하게 움직입니다. 반대로 특정 효소의 작용만을 방해하는 **효소 저해제**가 관여하면 특정 화합물만 만들어지지 못하도록 막을 수도 있습니다. 이처럼 활용 방식에 따라 건강을 지키는 유용한 의약품도 만들 수 있습니다.

콜레스테롤과 중성 지방(31 참조)의 혈중 농도가 지나치게 높은 상태인 **고지혈증**은 동맥 경화의 원인입니다. 콜레스테롤과 중성 지방의 농도를 낮추는 약을 고지혈증 치료제라고 하며 콜레스테롤의 생합성을 방해하는 물질로 만듭니다. 콜레스테롤의 생합성 과정을 거슬러 올라가면 당까지 도달합니다. 당에서 여러 단계의 반응을 거쳐 만들어진 **화합물-1**이 **화합물-2**로 변한 다음 다시 여러 단계의 반응을 거쳐 콜레스테롤이 됩니다.

프라바스타틴이라는 약은 **화합물-1**에서 **화합물-2**로 변하는 과정을 빠르게 하는 효소를 방해합니다. 화합물-1에 작용해야 할 효소를 프라바스타틴에 결합하도록 만들기 때문입니다. 일반적으로는 반응이 진행되면 다른 화합물로 변하면서 효소와의 반응성이 낮아져 생성물과 효소가 분리됩니다. 그러나 저해제는 반응 부위가 없으므로 일단 결합하면 다른 물질로 변하지 않고, 결합에서 떨어져 나오지 못한 효소는 다시 작용할 수 없게 됩니다. 결과적으로 몸속의 콜레스테롤 합성 과정이 중단되므로 식사로 섭취하는 콜레스테롤양을 줄이면 혈중 농도 역시 낮출 수 있습니다.

효소 저해제는 존재하는 효소의 작용을 방해할 뿐, 효소의 생합

콜레스테롤의 생합성과 방해

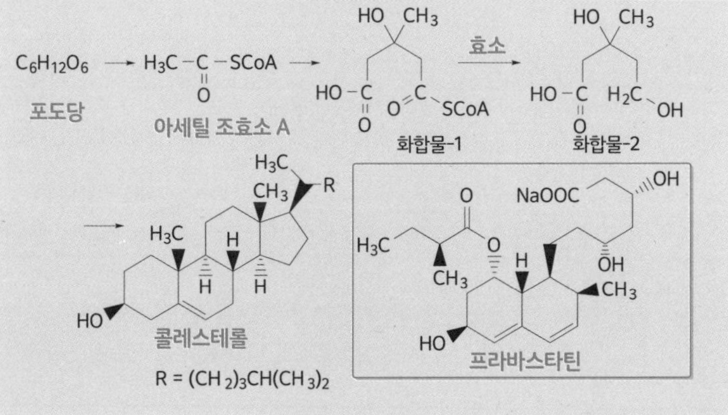

성 자체를 억제하지는 않으므로 약을 먹더라도 효소는 계속 만들어집니다. 따라서 복용을 멈추면 효소가 다시 활성화되어 콜레스테롤의 생합성이 재개됩니다. 복용을 중단할 수도 없으니 결국 제약 회사에 장기간 이익을 안겨주는 약이라고 할 수 있겠군요. 원인균을 사멸시키는 항생 물질과는 성질이 전혀 다른 약입니다.

또 다른 사례로 **라이페이스 저해제**를 들어볼까요. 라이페이스는 지방을 분해하는 효소입니다. 세포 안에서 작용하는 대신 소화관으로 분비된 다음 아래 구조식처럼 음식물의 지방을 분해하여 영양분으로 흡수하도록 돕습니다.

반대로 말하면, 라이페이스의 작용을 방해하면 먹은 지방이 분해되지 않고 흡수되지 않은 채 몸 밖으로 배출됩니다. 이를 응용해서 지방의 과다 섭취로 인한 비만과 고지혈증을 예방할 수 있습니다. 처음부터 지나치게 먹지 않는 편이 제일 좋겠지만 말이지요.

지방의 가수분해

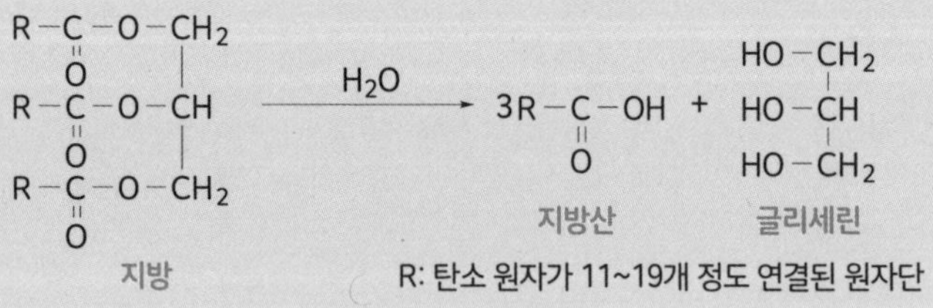

056 미생물이 만든 살균제: 항생 물질

Keyword 항생 물질 페니실린 알렉산더 플레밍 성장 억제 영역 내성균

가장 오래된 **항생 물질**인 **페니실린**을 소개합니다. 발견하게 된 계기는 우연이었지만, 그 기회를 놓치지 않았던 유연한 사고방식은 엄청난 성과로 이어졌습니다.

1928년, 영국의 세균학자 **알렉산더 플레밍**Alexander Fleming은 한천 배지에서 포도상구균 배양 실험을 하던 도중 우연히 들어온 푸른곰팡이 주변에만 원형으로 포도상구균이 자라지 않는 현상을 발견했습니다. 플레밍이 대단한 이유는 곰팡이가 들어왔다고 단순히 실패로 치부하는 대신 푸른곰팡이가 포도상구균의 성장을 방해하는 물질을 분비해서라고 생각했기 때문입니다. 푸른곰팡이를 중심으로 동심원 형태로 확산한 현상을 보고, 푸른곰팡이가 분비한 물질의 효과 때문에 그 주변에만 포도상구균이 자라지 않았으리라고 추측한 것입니다. 이 원을 **성장 억제 영역**Inhibition zone이라고 합니다.

플레밍의 추측이 옳다는 가정하에 푸른곰팡이가 분비하는 물질만을 순수하게 추출하고자 한 과학자들도 많았습니다. 최초로 원인 물

질을 추출해서 구조를 밝히는 데 성공한 사람은 호주의 병리학자 하워드 플로리Howard Florey와 영국의 생화학자 언스트 체인Ernst Chain이었습니다. 당시 연도는 1940년이었습니다. 세 사람은 1945년 노벨 생리학·의학상을 받았습니다. 페니실린은 제2차 세계 대전 당시 영국 총리였던 윈스턴 처칠의 폐렴을 치료하는 데 크게 활약하면서 세계적으로 유명해졌습니다.

알렉산더 플레밍
(1881~1955)

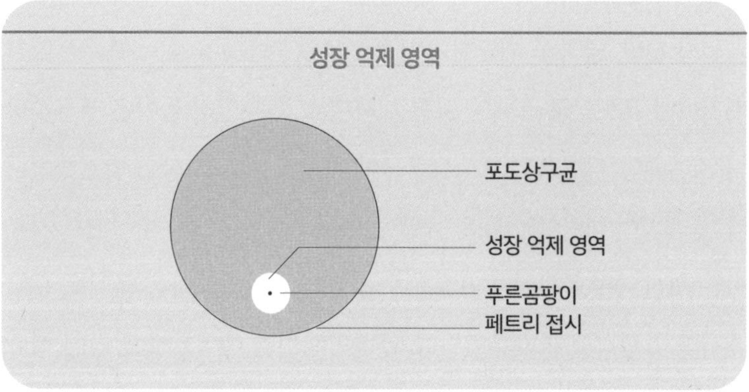

페니실린은 세균의 세포벽 생합성을 방해하는 메커니즘으로 세균을 사멸시킵니다. 사람의 세포에는 세포벽이 없으므로 애초에 부작용이 없습니다. 그 덕에 페니실린은 제2차 세계 대전 이후 위생적으로 열악했던 상황에서 세계적으로 쓰였습니다. 일본에서 결핵이 '죽음의

병'이라는 이름을 내려놓게 된 것도 페니실린 덕입니다. 그리고 얼마 후 세팔로스포린이라는 항생 물질이 발견되었습니다. 두 물질의 구조를 비교하면 C-C-C-N으로 이루어진 베타 락탐β-lactam이라는 사각형 고리 구조가 공통으로 존재합니다. 이 부분이 약효의 열쇠인데, 세균의 세포벽을 생합성하는 효소를 방해합니다.

항생 물질의 가장 큰 적은 **내성균**입니다. 내성균은 항생 물질의 주요 화학 구조를 변화시키는 효소를 만들어내는 능력을 돌연변이로 획득한 세균입니다. 항생 물질의 역사는 내성균과의 싸움이라고 해도 과언이 아닙니다. 페니실린과 세팔로스포린의 내성균은 항생 물질의 핵심이 되는 사각형 고리 구조를 열어버립니다. 내성균에 대항하는 방법은 점선으로 그린 사각형 부분의 구조를 바꾸어 분해 효소가 작용하

베타 락탐 항생 물질

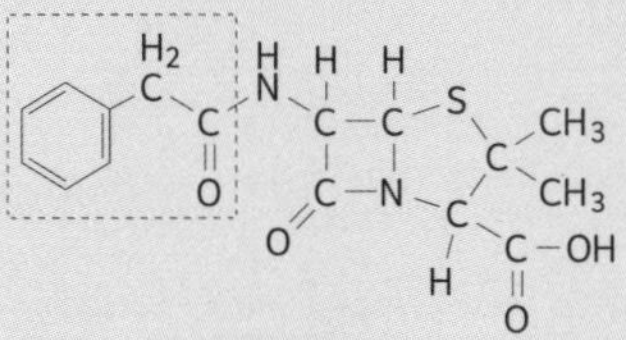

페니실린

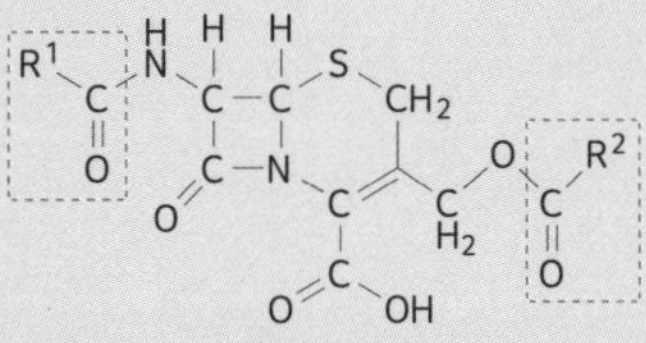

세팔로스포린

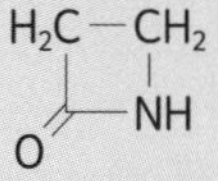

왼쪽 분자를 베타 락탐이라고 합니다. 그리고 페니실린, 세팔로스포린을 통틀어 베타 락탐 항생 물질이라고 합니다.

지 못하도록 하는 것입니다. 해당 부분의 구조를 바꾸어 상품명을 바꾼 페니실린 혹은 세팔로스포린이 여러 종 있습니다. 세팔로스포린은 구조를 바꿀 수 있는 부분이 두 곳이므로 종류도 그만큼 다양합니다.

신형 코로나바이러스와 백신

침입자와 구조가 유사한 백신은 사람의 몸속에서 작용하는 항체(69 참조)를 만듭니다. 이 백신은 접종한 사람의 건강을 해치지 않을 만큼 독성이 약해야 합니다.

신형 코로나바이러스는 RNA 바이러스로, 유전 정보를 담당하는 물질인 RNA가 단백질 껍질을 쓰고 있는 형태입니다. RNA는 원래 DNA 암호의 일부를 복제하여 단백질을 만드는 중개자 역할의 화학 물질이며 기본 골격은 DNA(27 참조)와 거의 같습니다. 신형 코로나바이러스의 단백질 껍질에는 돌기가 있는데, 백신으로 사용되는 부분은 이 돌기의 설계도 역할을 하는 RNA입니다. 따라서 백신을 접종하면 사람의 몸속에서 돌기 부분의 단백질이 합성되어 바이러스에

유리딘, 슈도유리딘, 메틸화 단백질의 구조식

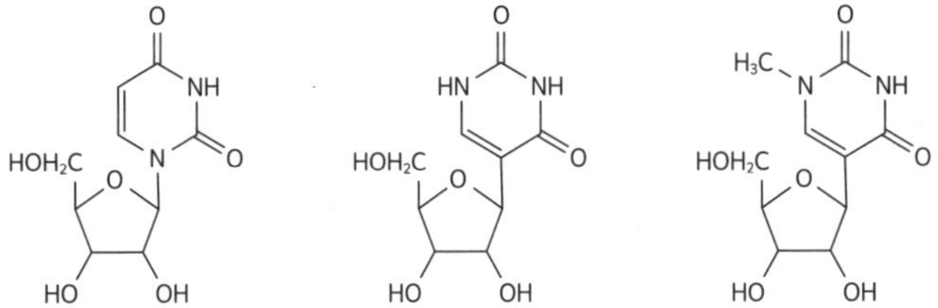

대항하는 항체가 만들어집니다.

RNA 자체를 이용하면 간단하겠지만, 거절 반응이 일어나므로 이용할 수 없습니다. 그런데 신기하게도 RNA 구조의 일부인 유리딘을 슈도유리딘으로 치환하면 거절 반응이 일어나지 않습니다. 여기에 메틸기를 도입하여 1-메틸슈도유리딘을 만들면 필요한 단백질의 생산량이 무려 열 배로 뛰어오릅니다. 전 세계 사람들을 살릴 백신을 공급할 수 있게 된 데에는 이러한 배경이 있었답니다.

제12장

자연과 화학

57 생명을 키운 바다

Keyword 생명의 기원 지구 달력 화학 진화 기능성 단백질 DNA 중합 효소 RNA

생명의 기원에 관해 '다른 천체를 타고 날아왔다(생명의 기원이 운석에 들어 있었다)', '바닷속에서 태어났다'라는 두 가지 설이 있습니다. 어느 쪽이든 바닷속에서 단세포생물이 진화한 끝에 지금처럼 다양성을 획득했다는 점은 틀림없습니다.

지구는 약 46억 년 전에 탄생한 것으로 추정됩니다. 탄생한 순간을 1년의 시작으로, 현재를 1년의 끝으로 시간 축을 설정한 **지구 달력**이라는 사고방식이 있습니다. 지구 달력에 따르면 광합성을 할 수 있는 박테리아가 탄생한 시기는 약 38억 년 전인 3월 29일, 생물이 바다에서 땅 위로 올라온 시기는 4억 년 전인 11월 말입니다. 현생 인류의 조상인 **호모 사피엔스**가 등장한 시기는 20만 년 전인 12월 31일 오후 11시 37분입니다. 산업 혁명은 오후 11시 59분 58초에 일어났는데, 이 시기부터 이산화탄소 배출량이 늘어나면서 지구의 환경이 변하고 있으므로 인류의 책임이 지극히 크다고 할 수 있습니다.

그렇다면 생명은 어떻게 바닷속에서 태어나 진화해왔을까요? 화학적인 관점에서 본 생명체는 **DNA**, **단백질**, **당**을 비롯한 각종 화학 물질로 복잡하게 이루어진 유기체입니다. 이 화학 물질들이 지구가 탄생할 무렵부터 존재했던 것은 아닙니다. 간단한 화합물부터 시작해서 복잡한 화합물이 점차 만들어졌습니다. 물론 이를 위해 원료가 되는 물질끼리 만나야 합니다. 바닷물에 녹아 있으면 확률이 낮더라도 만날 기회가 있지만, 육지의 바위나 모래에 들러붙어 있거나 안쪽에 갇혀 있으면 만날 희망이 없겠지요. 이러한 연유로 생명체를 구성하는 데 필요한 물질은 바닷속에서 만들어졌습니다. 그리고 이 과정에서 천둥 번개, 전자기파, 자외선 에너지 등이 중요한 역할을 했을 터입니다. 이처럼 생명체에 필요한 화학 물질이 단순한 물질부터 복잡한 물질까지 차례차례 만들어진 과정을 **화학 진화**라고 합니다.

지금까지 알아봤다시피 생명체에서 일어나는 질서 정연한 화학 반응을 제어하려면 **효소**라는 **기능성 단백질**이 있어야 합니다. 이 기능성 단백질을 만드는 데 필요한 정보는 DNA를 구성하는 핵 염기의 배열 순서(염기 서열)입니다. 그런데 DNA를 만들려면 **DNA 중합 효소**라는 효소가 필요합니다. 그렇다면 효소와 DNA 중 무엇이 먼저였을지가 문제군요. 확실한 증거가 없는 탓에 논쟁의 불씨는 여전히 남아 있습니다. 태초에 생물계를 지배하던 물질은 **RNA**였으리라는 설도 있습니다.

단세포생물이 광합성을 시작하면서 지구상에 효소 분자가 하나둘씩 만들어졌습니다(22 참조). 효소의 작용으로 오존이 생성되면 지표면에 도달하는 자외선량은 감소합니다(26 참조). 그 결과 바다보다 얕은 곳에도 생물이 살 수 있는 환경이 만들어지고, 깊은 바닷속보다 얕은 바다에 상대적으로 빛 에너지가 많으므로 광합성의 효율도 높아집니다. 산소량이 더더욱 증가하면서 오존이 증가하고 자외선이 줄어드는 과정을 거치며 생물은 점차 수면에 가까워졌습니다.

이윽고 **식물**이 최초로 뭍에 올라왔습니다. 이어서 **절지동물**이, 그리고 어류에서 진화한 **양서류**가 식물을 따라 뭍에 발을 디뎠습니다.

지구상의 모든 생물이 같은 조상으로부터 진화했다는 증거는 모든 생물이 네 종류의 화합물을 유전 암호로 삼으며, 단백질을 구성하는 20종의 아미노산이 공통이라는 점입니다(제6장 참조).

화학 진화

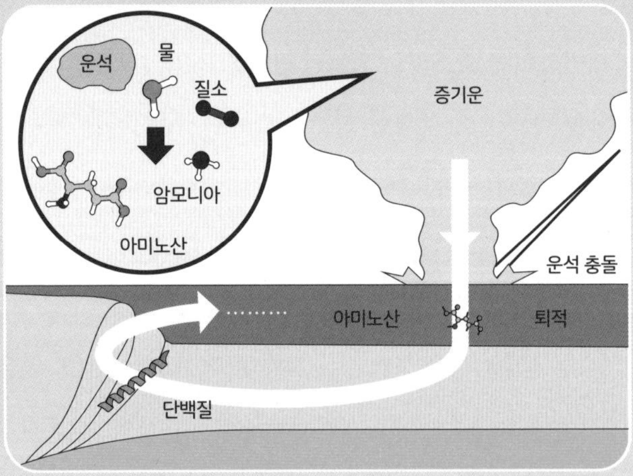

58 이산화탄소가 대기를 따뜻하게 하는 원리는?

Keyword
전자기파 적외선 가시광선 자외선 온실 효과
온실가스 화석 연료

어떤 물체에서 나오는 **전자기파**의 파장은 그 물체의 표면 온도에 따라 다르며, 온도가 높을수록 에너지가 높은 단파장 전자기파가 방출됩니다. 태양 표면의 온도는 약 6,000℃로, 방출되는 전자기파의 종류는 주로 **적외선**, **가시광선**, **자외선**입니다(25 참조). 그중 자외선은 26에서 소개했다시피 대기 중의 오존에 막혀 에너지를 대부분 잃지만, 가시광선은 기체에 막히는 일 없이 지표면에 도달합니다.

지구 표면 전체의 온도는 연간 평균 약 15℃입니다. 최근에는 온난화 문제로 평균 온도가 약간 높아졌지만 거의 일정한 수치입니다. 이는 태양에서 내리쬐는 에너지와 같은 양의 에너지가 우주 공간으로 방출되고 있음을 의미합니다. 온천 같은 지열 에너지도 있지만, 태양에서 내리쬐는 에너지에 비하면 극히 미미한 수준입니다. 에너지 출입량이 다른 사례로는 온실이나 문을 걸어 잠근 자동차 내부가 있습니다. 밖으로 나가는 에너지가 적기 때문에 내부 온도가 바깥보다 높습니다.

지구 표면 온도는 평균 15℃지만, 장소나 계절에 따라 편차가 있습니다. 실제로는 −30, −40℃에서 40, 50℃ 정도입니다. 이 온도에서 방출되는 전자기파의 파장은 가시광선보다 긴, 적외선에서 극초단파 사이의 영역입니다(09 참조). 이러한 전자기파는 그대로 우주로 방출되는 대신 대부분 대기 중의 기체로 흡수됩니다. 흡수된 에너지 중 일부는 다시 우주로 방출되고 일부는 지표로 돌아가 지구 표면의 온도를 데웁니다. 이를 **온실 효과**라고 하며 온실 효과를 일으키는 기체를 **온실가스**라고 합니다. **수증기**, **이산화탄소**, **메테인** 등 큰 영향을 미치는 기체가 대표적인 온실가스입니다. 지구 표면에서 방출되는 모든 에너지가 직접 우주 공간으로 나간다고 가정했을 때, 이론적으로 지구 표면의 온도는 −18℃라는 계산이 나옵니다. 실제로는 평균 15℃이므로 가정보다 33℃가 높은 셈입니다. 이는 대부분 수증기의 영향입니다. 전자레인지에 쓰이는 전자기파인 극초단파가 수증기(물)의 온도를 상승시킨다는 사실은 쉽게 이해하리라고 생각합니다(10 참조).

대기 중의 수증기량을 제어하기란 불가능하지만, 최근 또 다른 온실가스인 이산화탄소의 농도가 높아지는 현상은 크나큰 문제로 떠오르고 있습니다. 인류가 석탄과 석유를 거의 사용하지 않았던 산업혁명 이전(18세기 후반까지)의 대기 중 이산화탄소 농도는 270ppm(ppm은 농도 단위이고 1ppm은 백만분의 일이므로 270ppm은 공기 $1m^3$ 중 $270cm^3$)이었으나, 현재는 400ppm 가까운 수치로 측정됩니다. 이 증가 폭은 누가 뭐래도 **석탄**, **석유** 등의 **화석 연료**의 사용 때문이므로 이를 줄이는 것이 인류가 해결해야 할 과제입니다. 이산화탄소 농도의 증가로 기온이 상승하면 대기 중의 수증기량도 따라서 상승하므로 온실 효과 역시 그만큼 커지며 강수량도 많아집니다.

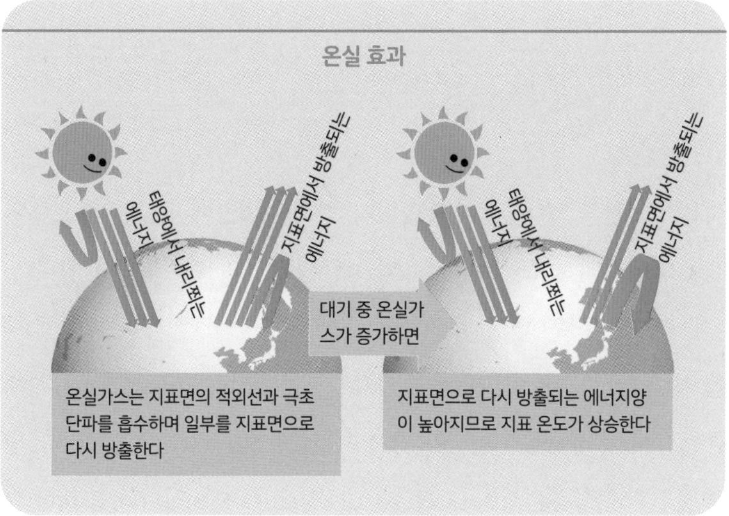

59

원래 생물이었던 석유와 석탄

Keyword 화석 연료 석유 플랑크톤 조류 포도당 석탄 리그닌 목탄

석유와 석탄을 **화석 연료**라고 합니다. 화석은 지층에 매몰된 채 보존된 태곳적 생물의 뼛조각이니 석유와 석탄은 생물의 뼈로 만든 셈입니다.

석유는 주로 C(탄소)와 H(수소)로 이루어진 물질입니다. 바다에 사는 **식물성 플랑크톤** 또는 **조류**의 사체가 해저에 쌓인 뒤 모래와 암석에 묻힌 상태에서 지열과 압력을 받으면 석유로 변한다고 추정됩니다. 생체 물질의 주성분은 C(탄소), H(수소), N(질소), O(산소)입니다. 그러나 산소가 없는 땅속에서는 C, H, N이 저마다 변화하여 가장 안정적인 화합물인 CO_2(이산화탄소), H_2O(물), N_2(질소)의 형태로 빠져나오면 C와 H가 점차 농축되어 최종적으로 **C와 H로 이루어진 화합물**(석유, 메테인)이 만들어진 것으로 보입니다.

상당히 단순한 예시이지만, 가령 **포도당**($C_6H_{12}O_6$)의 O가 모두 CO_2와 H_2O로 쓰인다고 가정하고 양변의 각 원소 수를 합해서 반응식으로 나타내면 다음과 같습니다. 생성물로 C와 H로 이루어진 화합물을 확인할 수 있습니다. 물론 실제로는 순수 석유 성분 외에도 다양

한 혼합물이 만들어집니다. 석유는 구조적으로 액체가 고이기 쉬운 지형인 지각 곳곳에 존재하므로 산지가 한정됩니다.

포도당으로 만드는 석유

$$C_6H_{12}O_6 \longrightarrow \boxed{C_4H_8} + 2CO_2 + 2H_2O$$

탄화수소=석유의 성분

석탄은 고대의 거대한 **양치식물**과 **침엽수**가 완전히 부패하여 분해되기 전에 흙 속에 파묻힌 채 압력과 열을 받아 오랜 세월에 걸쳐 변화하여 만들어집니다. 이 식물들에는 벤젠 고리가 여러 개 포함된 **리그닌**이라는 성분이 다량 함유되어 있습니다. 이 식물들이 땅속에서 변화하면서 미량이나마 들어 있던 H, O, N이 H_2O, CO_2, N_2의 형태로 빠져나가면서 탄소의 비율이 높아지고 최종적으로 거의 탄소만으로 이루어진 덩어리만이 남는데, 이것이 석탄입니다.

산소를 차단하고 가마에서 **목재**를 가열해도 같은 물질이 만들어

석탄과 천연가스의 연소 반응

석탄 $C + O_2 \longrightarrow CO_2 + 264\ \text{kcal/mol}$

천연가스 $CH_4 + 2O_2 \longrightarrow CO_2 + 2H_2O + 190\ \text{kcal/mol}$

결합 에너지(kcal/mol)는 아래 값으로 계산

$O{=}O$: 118, $C{=}O$: 191, $C-H$: 99, $O-H$: 110

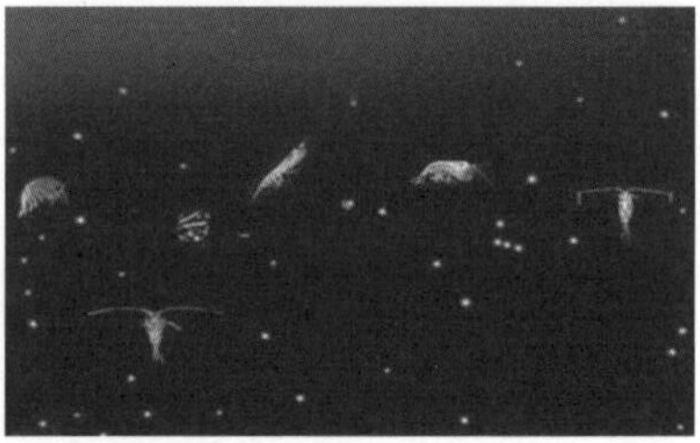

석유 화학 콤비나트*(왼쪽 위)와
식물 플랑크톤(오른쪽 위)과
양치식물(아래)

리그닌의 구조 일부

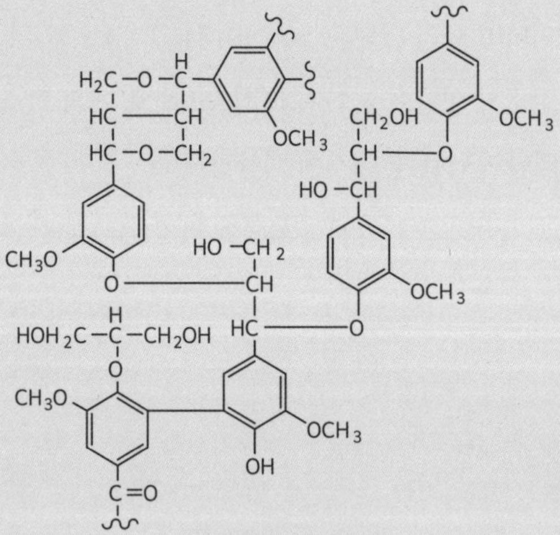

(∿ 는 결합이 계속 이어짐을 표시)

집니다. 이때는 압력을 가하지 않으므로 기체가 빠져나간 자리에 구멍이 생깁니다. 이를 **목탄**이라고 하며, 석탄과 마찬가지로 화학적으로는 거의 순수한 탄소 덩어리입니다.

한편 석유, 천연가스, 석탄, 목탄은 연료로 쓰입니다. 연료로 사용했을 때의 발열량은 연소 반응을 식으로 나타냈을 때 각 분자의 결합 에너지 차이를 계산해서 구할 수 있습니다.

위 식에 대입했을 때, 같은 양의 이산화탄소를 배출하여 얻는 에너지양을 비교하면 석탄을 태웠을 때 더 효율적임을 알 수 있습니다. 그러나 현재는 이산화탄소를 배출하지 않아야 한다는 절대적인 목표에 따라 석탄과 석유의 소비량은 점차 줄어드는 추세입니다.

---

* 콤비나트(Kombinat): 생산 능률을 높이기 위해 기술적으로 연관된 기업들이 모인 대규모 공업 단지. 석유 화학 산업은 콤비나트를 이루는 전형적인 사례다.

060 반딧불이는 왜 빛날까?

Keyword 반딧불 루시페린 루시페레이스 일산화질소

어둠 속에서 반짝이는 **반딧불**은 먼 옛날부터 사람들을 매료해온 자연의 신비입니다. 특히 반딧불을 향한 일본 사람들의 애착은 각별한데, 여름에 반딧불이를 즐겨 잡는가 하면 노래, 시, 그림의 소재이기도 했으며 새치와 탈모 약으로도 쓰였습니다. 한편《고사기》다음으로 오래된 일본 역사서인《일본서기》에 등장하는 "반딧불과 같이 빛나는 신"이라는 글귀처럼 반딧불이는 경외심마저 들게 하는 존재였습니다. 옛날에는 어스름한 저녁에 수천 마리나 되는 반딧불이가 날아올라 그야말로 '반짝반짝 빛나는 불이' 떨어지듯 일제히 물가로 내려앉는 모습을 볼 수 있었는데, '반딧불이'라는 말이 여기서 비롯되었다는 설도 있습니다(우리말에서도 '반ㄷ-'에서 유래한 '반디'는 '반짝', '번뜩'처럼 빛나는 모습을 표현한 의태어다_옮긴이). 오늘날에는 개체 수가 격감하면서 반딧불이의 서식 여부는 자연환경을 보호하는 지표 중 하나가 되었습니다.

중국에는 가난한 청년이 반딧불이를 잡아 주머니에 넣고 그 빛에 의지하여 공부했다는 고사가 있습니다. 반딧불이가 내는 불빛은 신문에 비췄을 때 불빛을 내는 꽁무니 쪽의 글자가 무엇인지 읽을 수 있을 정도의 밝기입니다. 그런 빛으로 공부를 할 수 있었을까요? 그래도 수십 미터 밖의 어둠 속에서 하늘하늘 움직이며 반짝이는 반딧불이의 빛은 우리 눈에 충분히 보일 만큼 밝습니다.

풍뎅이, 나방 등 수많은 곤충은 서로 소통하는 수단으로 페로몬(68 참조)을 이용하는 반면 반딧불이는 빛을 이용합니다. 반딧불이는 자신이 내는 빛의 색조와 깜박이는 패턴을 이용하여 수컷과 암컷이 서로를 발견하는 신호로 주고받는가 하면 포식자에게는 '빛나는 반딧불이는 맛없는 먹이'라는 사인을 보내는 듯합니다.

옛날 사람들은 반딧불이의 신비한 모습을 보고 반딧불이가 썩은 풀이나 대나무 뿌리에서 모습을 바꾸어 태어난다고 생각했습니다. 한편 반딧불이는 어떻게 빛을 내는가에 대해서도 수많은 사람이 수수께끼를 풀고자 했습니다. 《곤충기》를 쓴 장 앙리 파브르는 "반딧불이의 발광 현상의 원리는 산화 반응이다"라고 생각했지만, "빛날 정도로 산화하면 반딧불이의 꽁무니가 타버릴 것"이라며 당시에는 그리 지지받지 못했습니다. 하지만 실제로 반딧불이는 산소에 의한 산화 반응으로 빛을 내니, 파브르의 통찰은 옳았습니다. 다만 연소와는 원리가 다릅니다.

반딧불이의 빛은 열을 동반하지 않기 때문에 냉광冷光이라고도 합니다. 물질이 산화할 때 방출되는 에너지가 대부분 빛으로 바뀌면 뜨겁지 않습니다. 참고로 심지에 불이 붙은 촛불의 에너지 중 눈에 보이는 빛(가시광선)으로 바뀌는 비율은 고작 0.04%에 불과합니다. 남은

99.96%가 열이라니! 뜨거울 수밖에 없군요.

반딧불이는 꽁무니의 발광 기관이라는 조직에 발광의 근원인 화합물 **루시페린**과 **효소**(28 참조) **루시페레이스**를 가지고 있습니다. 루시페레이스와 반응한 루시페린은 고에너지 화합물로 바뀝니다. 이 고에너지 화합물은 곧바로 분해되어 발광체로서 에너지를 방출하는데, 대부분(40% 이상) 빛이 됩니다. 빛의 색조는 반딧불이의 종류에 따라 황록색에서 빨간색까지 다양합니다. 한편 반딧불이가 깜박이는 이유는 **일산화질소**(NO)가 관여하는 호흡 조절 과정 때문입니다. 뇌에서 내려온 명령으로 일산화질소가 이동하면 그림과 같은 반응이 일어나 빛나고, 일산화질소가 움직이지 않으면 빛도 멈춥니다. 참고로 일산화질소는 사람의 몸속에서도 다양한 반응에 참여한다고 알려져 있습니다.

반딧불이가 빛나는 원리

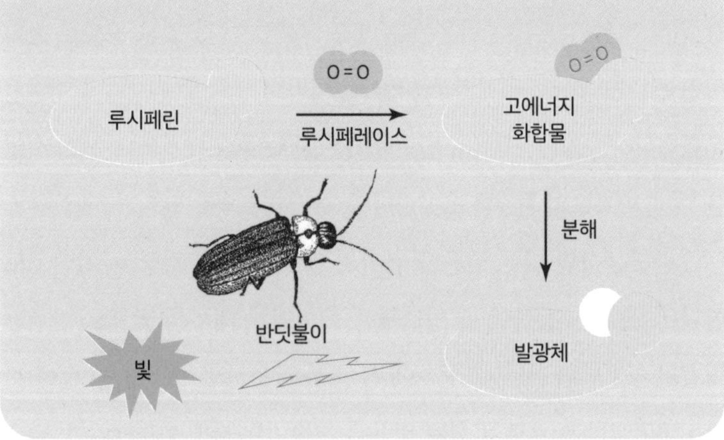

61 빛나는 생물

Keyword **빛나는 생물 발광 생물 평면해파리 녹색 형광 단백질**

빛나는 생물이라고 했을 때 제일 먼저 머릿속에 떠오르는 생물은 반딧불이입니다. 앞에서 설명했지요. 하지만 육지에 사는 우리가 반딧불이 이외의 **빛나는 생물**(발광 생물)을 볼 일은 거의 없습니다. 유명한 종이라면 버섯 정도일까요. 낮에는 해가, 밤에도 달과 별이 빛나 새까만 어둠이 존재하지 않는 육지에서 살아남기 위해 발광을 익혀야 할 생물은 거의 없겠지요. 실제로 포유류를 비롯한 척추동물 중에 발광 생물은 한 종류도 밝혀진 바가 없습니다. 한편 바다는 발광 생물로 가득한데, 특히 심해에 서식하는 생물 중 삼분의 이 이상이 빛을 낸다고 추정됩니다. 육지와 비교하면 심해는 극단적으로 빛이 적기 때문이겠지요. 햇빛은 대부분 바닷물에 흡수되므로 수심 200m에 도달하는 빛은 육지의 천분의 일, 1,000m 깊이까지 도달하는 빛은 백조분의 일에 불과합니다. 그보다 깊이 내려가면 거의 빛이 닿지 않는 칠흑 같은 어둠뿐입니다.

초봄부터 초여름에 걸쳐 산란을 위해 심해에서 해변으로 올라오

빛나는 생물

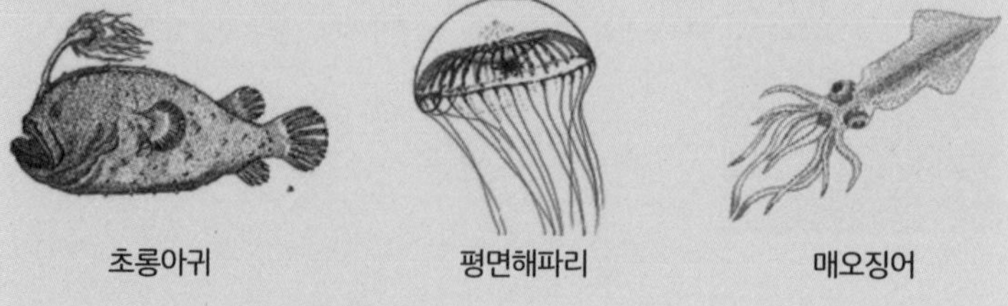

는 매오징어는 일본 도야마만의 계절 명물입니다. 매오징어는 배 쪽만 빛나는데, 해수면에 비치는 빛과 섞여 더 깊은 바닷속에 사는 포식자의 눈에서 벗어나기 쉬워집니다. 곤충의 의태와 마찬가지입니다. 여름 바닷가에서 볼 수 있는 갯반디는 발광물질을 연막처럼 펼치고 도망칩니다. 초롱아귀처럼 빛으로 먹이를 유인하는 동물도 있습니다. 수족관을 찾은 사람들에게 인기 있는 해파리 중에는 빛나는 종이 여럿 있습니다. 특히 **평면해파리**[†]는 시모무라 오사무下村脩가 2008년 노벨 화학상을 받으면서 한순간에 유명해졌습니다.

발광 메커니즘은 반딧불이와 마찬가지로 발광의 근원인 **루시페린**이 효소 루시페레이스와 반응하여 산화하면서 발생하는 에너지가 빛의 형태로 효율적으로 방출되는 방식입니다(60 참조). 단, 루시페레이스와 루시페린의 화학 구조는 반딧불이와 다릅니다. 반딧불이, 평면해파리, 매오징어, 갯반디의 발광 메커니즘을 예로 들자면 각 발광 생물의 루시페린에서 생성되는 고에너지 화합물의 구조는 모두 다르지만, 그림에서 보다시피 고에너지를 만들어 내는 핵심 구조는 같습니다. 이 부분이 곧장 분해되면서 타고 남은 탄산 기체와 들뜬 상태의 발광체가 생성되는데, 여기서 빛이 나옵니다.

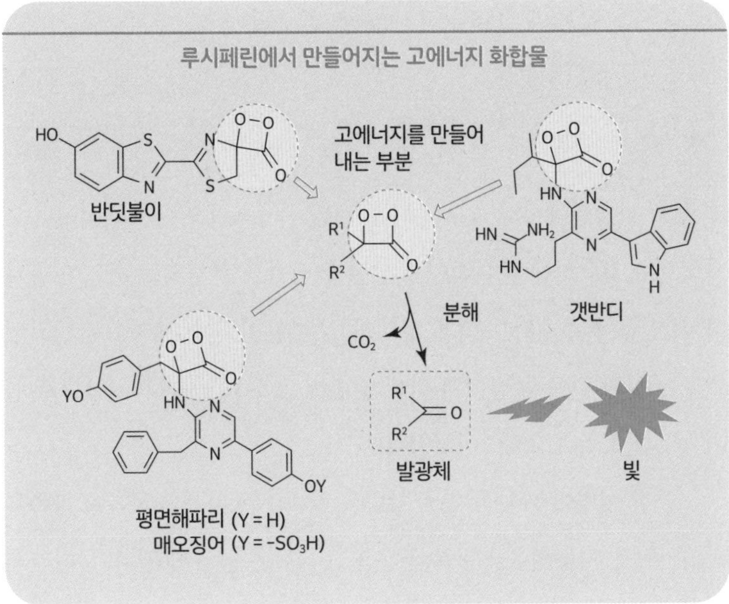

+ 평면해파리의 경우, 발광체가 들뜬 상태의 에너지를 가까이에 있는 **녹색 형광 단백질**(Green fluorescent protein, GFP)로 옮기면 발광합니다.

62 오로라

Keyword 자석 고에너지 입자 들뜬 상태 바닥 상태 오로라 형광등 수은

47에서 설명했다시피 지구는 행성 전체가 하나의 커다란 **자석**입니다. 자석으로 작용하는 근본적인 원인은 화산으로 분출되는 마그마 층보다 더 안쪽에 존재하는 액체 상태의 철 때문입니다. 제철소 용광로에 흐르는 철과 같은 물질이 우리의 발밑에 흐르고 있습니다. 참고로 철이 녹는 온도는 1,500℃ 이상입니다.

약간 설명이 까다롭지만, 방향을 알려주는 자석의 N극이 북쪽을 가리키므로 지구의 S극은 북극이 되고 N극은 남극이 됩니다. 따라서 지구의 자력선은 남극에서 나와 북극으로 모이며, 자력선이 집중된 남극과 북극은 자기장이 강합니다.

태양의 활동으로 전하를 띤 **고에너지 입자**(**태양풍**)가 우주에서 지구로 쏟아지는데, 특히 자기장이 강한 남극과 북극 부근에 많이 모입니다. 고에너지 입자는 자기장을 변화시키고, 반대로 자기장의 변화는 고에너지 입자의 운동에 영향을 받습니다. 이 입자가 대기권에 진입하면 수많은 분자와 충돌하며 가지고 있던 에너지를 그 분자에게 전하

고 에너지를 받은 분자는 **고에너지 상태**(들뜬 상태)가 됩니다. 이 분자가 **안정된 원래 상태**(바닥 상태)로 돌아가면서 여분의 에너지를 방출하는데, 이 에너지가 빛의 형태로 보이는 현상이 **오로라**입니다. 오로라가 흔들리는 듯이 보이는 이유는 태양의 활동으로 고에너지 입자의 공간 분포가 요동치기 때문입니다.

오로라는 필연적으로 지구에서 자기장이 강한 장소에만 나타나므로 위도가 높은 북극권과 남극권에서만 볼 수 있습니다. 극지의 여름에는 태양이 거의 저물지 않습니다. 위도가 낮아질수록 짧은 시간 동안 해가 지평선으로 모습을 감출지언정 하늘이 새까맣게 어두워지지는 않습니다. 이러한 지역에서는 빛이 미약한 오로라를 볼 수 없으

지자기는 남극(자석의 N극)에서 북극(S극)으로

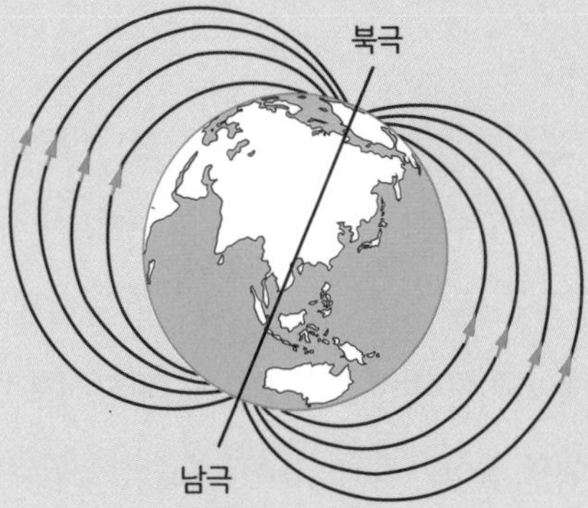

지구는 자석이다!

오로라

니 오로라를 보고 싶다면 추운 겨울에 극지로 가야 합니다. 한편 지구 자기장(지자기)은 앞서 설명한 고에너지 입자를 극지로 모으므로 인구 비율이 높은 중위도 지역에 사는 사람이 자기장에 의한 부정적 영향을 받을 우려는 없습니다.

형광등과 오로라는 발광의 원리가 비슷합니다. 진공에 가까운 형광등 내부에는 미량의 **수은**(Hg)이 들어 있습니다. 전극에 전압을 걸면 전자선이 수은을 들뜬 상태로 만들어 자외선이 방출됩니다. 방출된 자외선이 형광등 내벽에 발린 형광 물질을 들뜬 상태로 만들고, 이 형광 물질이 바닥 상태로 돌아가면서 가시광선을 방출합니다. 간접적이지만 고에너지 입자(수은)가 다른 물질을 들뜬 상태로 만들어 빛나는 원리는 오로라와 같습니다. 그리 낭만적이지는 않군요.

수국은 왜 색이 달라질까?

6월에서 7월까지 장마철에 피는 꽃이라면 수국이 대표적입니다. 황록색, 흰색, 파란색, 보라색, 분홍색 등 가지각색입니다. 심은 장소가 조금만 바뀌어도 푸른 색 꽃이 피기도 하고 분홍색 꽃이 피기도 합니다. 꽃의 색은 개화 시기에 따라서도 달라집니다. 이처럼 환경의 차이로 꽃의 색이 다양하게 바뀌는 현상 때문에 일본에서는 수국을 시치헨게七変化(일곱 빛깔로 바뀌는 꽃)라고도 부릅니다. "수국 피었네. 어제 봤던 진실이 오늘은 거짓"이라는 마사오카 시키의 시처럼

수국

산수국

수국은 개량을 통해 지금처럼 다양한 품종이 정착되었다.

변덕, 무정이라는 꽃말도 유명합니다.

그런데 수국의 색은 왜 변하는 걸까요? 이는 토양의 산도와 꽃의 색소가 연관되어 있기 때문입니다. 수국의 색은 분홍에서 빨간색 계열인 안토시아닌이라는 색소에 의해 나타납니다. 흙에서 흡수된 알루미늄이 안토시아닌과 결합하면 꽃이 파란색으로 변합니다. 토양이 산성일 때는 흙 속에 들어 있는 알루미늄이 이온화되어 뿌리를 통해 흡수되어 푸른 꽃을 피웁니다. 토양의 산도가 중성에서 약염기성이면 알루미늄이 잘 이온화되지 않기 때문에 뿌리로도 잘 흡수되지 않습니다. 중성인 토양에서 자란 수국은 알루미늄의 흡수율이 낮아 옅은 빨간색이나 분홍색을 띱니다. 참고로 분홍색 수국의 꽃말은 '건강한 여인'인데, 어머니께 선물하기 좋은 꽃이 아닐까요?

제13장

생명 유지와 활동

63

비타민: 생존에 필요한 조효소, 아민

Keyword

비타민 B_1 효소 조효소 비타민 E 비타민 C

15세기 중반에서 17세기 중반의 대항해 시대 당시 유럽에서는 신선한 채소와 과일을 먹지 못해 생기는 **각기병**과 **괴혈병** 같은 질병이 선원을 괴롭혔습니다. 19세기에 들어서면서 사람들은 과일과 쌀겨에 들어 있는 미량의 성분이 이러한 질병을 예방하는 데 효과적이라는 사실을 경험으로 깨달았습니다. 나중에 일본에서 **오리자닌**이라는 이름으로 판매되었던 쌀겨의 유효 성분을 1910년 최초로 추출한 사람은 **스즈키 우메타로**鈴木梅太郎입니다. 그러나 스즈키가 논문을 일본어로 썼던 탓에

비타민 B_1의 구조식

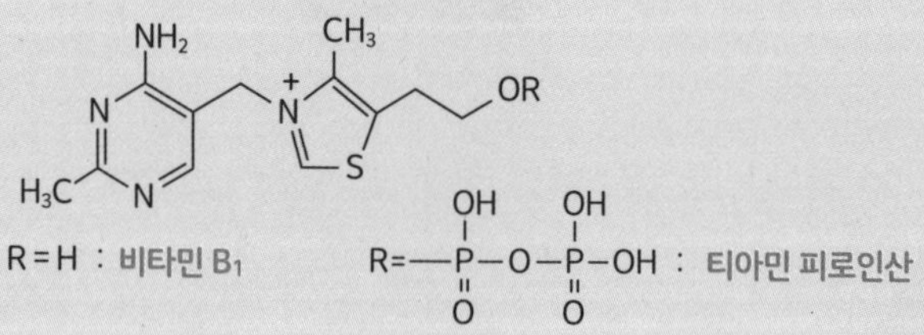

그의 업적은 전 세계에 알려지기까지 오랜 시간이 걸렸고, 이듬해 폴란드에서 똑같은 물질을 발견해서 **비타민**Vitamin이라는 이름을 붙였습니다. 영어로 'Vital amine', 생존에 필요한 아민(NH기가 포함된 화합물의 일반명)이라는 뜻입니다. 쌀겨의 유효 성분은 오늘날 **비타민 B_1(티아민)**이라는 이름으로 유명합니다.

스즈키 우메타로(1874~1943)

같은 시기, 포도를 포도주로 바꾸는 효소인 **자이메이스**Zymase를 연구하던 영국의 화학자 **아서 하든**Arthur Harden은 굉장히 흥미로운 현상을 발견했습니다. 효모를 으깨서 만든 자이메이스액을 특수한 방법으로 여과하면 여과액이든 여과하고 남은 찌꺼기든 활성화되지 않은 상태이지만, 둘을 섞으면 다시 활성화되는 현상이었습니다. 이를 토대로 하든은 여과하지 않은 자이메이스와 여과액에 공통으로 분자량이 작은 **코자이메이스**Cozymase가 녹아 있으며, 포도당으로 포도주를 만들 수 있다고 주장했습니다(43 참조). 이후 자이메이스는 **효소**, 코자이메이스는 효소의 작용을 돕는 **조효소**라는 물질임이 밝혀졌습니다. 나아가 화학 구조를 통해 코자이메이스는 비타민 B_1에 인산 분자가 2개 결합한 구조(티아민 피로인산)라는 사실도 알게 되었습니다. 영양학에서는 비타

아서 하든(1865~1940)

민, 생화학에서는 조효소로 부르는 물질이 일치하는 사례는 그 밖에도 있습니다.

현재 알려진 비타민 중에는 질소를 포함하지 않는 비타민도 있습니다. 대표적인 사례로 **비타민 E**(**토코페롤**)가 있습니다. 구조식의 R^1~R^3는 수소(H) 혹은 메틸기(CH_3)로, 작용기에 따라 다양하게 분류됩니다. 일일 섭취량은 수 mg~수백 mg이며 식물성 기름에 많이 함유되어 있으므로 식사를 거르지 않으면 비타민 결핍을 걱정할 필요는 없습니다. 비타민 E는 항산화 작용을 합니다. 활성 산소는 건강에 해롭다고 13에서 설명했는데, 몸속에서 이 활성 산소의 작용을 억제하는 물질이 비타민 E입니다. 비타민 E가 활성 산소를 제거하면 반응성이 낮은 화합물의 형태로 대사됩니다.

비타민 C(**아스코르브산**)도 질소가 없는 비타민입니다. 물에 녹지 않는 지용성 토코페롤과는 구조가 전혀 다르고 수용성이지만 작용 기전은 비슷합니다.

비타민 E(토코페롤)의 구조식

비타민 C의 구조식

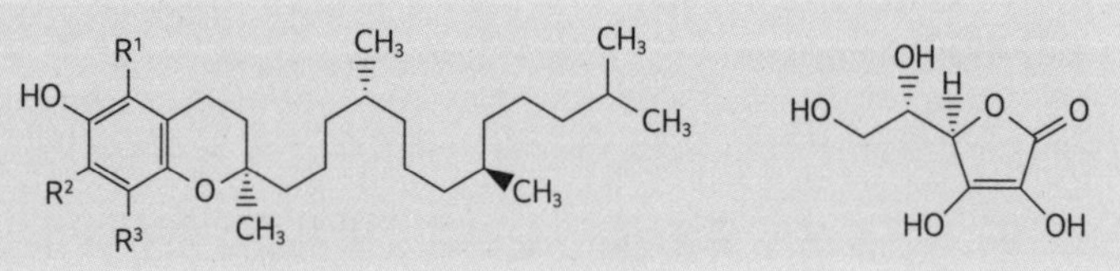

64 미네랄: 효소 운반과 신경 전달

Keyword 미네랄 소듐 이온 포타슘 이온 신경 세포 ATP 아세틸콜린 콜린

미네랄이라는 말을 듣고 미네랄 워터를 떠올리는 사람이 많을 테지만, 원래는 **광물**이라는 뜻의 영어 단어입니다. 영양학에서는 몸무게의 95%를 차지하는 탄소(C), 수소(H), 질소(N), 산소(O)를 제외하고 우리 몸에 필요한 원소를 가리킵니다. 우리 몸은 칼슘(Ca), 인(P), 마그네슘(Mg), 소듐(Na), 포타슘(K), 염소(Cl) 등의 원소도 일정량 필요한데, 음식을 통해 매일 100mg 이상 섭취해야 하는 이 영양소들을 **필수 미네랄**이라고 합니다. 그 밖에 극미량이지만 구리(Cu), 철(Fe), 크롬(Cr), 망가니즈(Mn), 몰리브데넘(Mo), 셀레늄(Se), 아연(Zn), 아이오딘(I), 플루오린(F) 등도 필요합니다. 우리 몸에 필요한 영양소들이 꽤 많네요.

이러한 영양소 중에 **철**이 있는데, 금속 철 가루는 먹어도 소용없습니다. 이온(02 참조) 형태로 물에 녹지 않으면 영양분으로 흡수되지 않기 때문입니다. 다른 미네랄들도 마찬가지입니다. 철 이온은 혈액이 산소를 운반하는 데 꼭 필요한 이온입니다(23에서 소개한 **헤모글로빈**에 들어 있습니다).

우리는 손을 꼬집히면 아프다고 느끼는데, 사실 어떤 자극이든 감각으로 느끼려면 뇌로 전달되어야 합니다. 자극을 뇌로 전달하고 뇌가 내린 명령을 몸 각 부위에 전달하는 작용이 **신경의 역할**입니다. 자극 전달 메커니즘은 복잡해서 여기서 자세히 다루기는 힘들지만, 두 종류의 미네랄이 중요한 역할을 합니다. 바로 **소듐 이온**(Na^+)과 **포타슘 이온**(K+)입니다. **신경 세포**에는 **축삭**이라는 돌기 형태의 부위가 있는데, 이 축삭이 신호 전달을 담당합니다. **척추** 안에 있는 신경 세포 중에는 길이가 1m에 달하는 세포도 있습니다. 이처럼 신경 세포를 통해 자극이 전달될 때는 **ATP**Adenosine triphosphate(아데노신삼인산)라는 물질의 에너지를 사용합니다. 세포벽을 사이에 두고 생긴 소듐 이온과 포타슘 이온의 농도 차를 이용하여 이온이 이동하면서 자극이 전달됩니다. 이 설명만으로 단번에 이해할 수는 없겠지만, 핵심은 에너지를 사용하여 이온이 이동하는 원리입니다. 하나의 신경 세포 안에서 자극이 전달될 때는 위와 같이 진행되지만, 자극이 두 신경 세포 사이를 이동할 때는 또 다른 방식이 필요합니다. 어떤 방식일까요?

축삭 말단에는 **아세틸콜린**이라는 비교적 간단한 구조의 유기 화합물이 있는데, 분비된 아세틸콜린이 옆 신경 세포로 이동하면서 자극이 전달됩니다. 신경 세포가 자극을 전달받으면 다시 이온의 이동으로 신경 전달이 재개됩니다.

그러므로 한쪽 신경 세포에 축적된 아세틸콜린이 없으면 신경 전달은 일어날 수 없고 생명도 유지할 수 없습니다. 실제로는 한쪽 신경 세포에서 방출된 아세틸콜린이 **아세틸콜린 에스터레이스**라는 효소에 의해 가수분해되어 **콜린**으로 바뀝니다. 콜린은 원래 신경 세포로 돌아가 다시 아세틸콜린으로 바뀐 다음 신경 전달에 관여합니다.

아세틸콜린과 콜린의 변환 반응

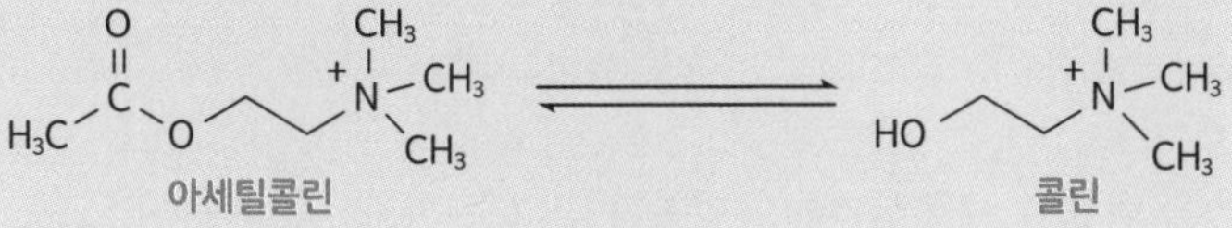

운동 신경의 전달 속도는 약 70~120m/s입니다. 100m 달리기에서 출발 신호를 내리는 사람과 선수 사이의 거리, 음속, 신경 전달 속도로 추정하면 소리를 듣고 뛰기 시작할 때까지 약 0.03초 걸립니다(거리로는 30cm). 빛에 의한 계측으로는 이 정도의 시간을 식별할 수 없습니다. 신호총을 쏘고 뛰기까지 0.01초밖에 걸리지 않는 등 뛰는 타이밍이 너무 좋으면 소리가 들리기도 전에 발을 내디딘 것으로 판정되어 플라잉 스타트 반칙을 받는다고 합니다.

65

냄새와 분자: 구조와 관계있을까?

Keyword

수용체 단백질　황　에테인싸이올　질소　암모니아
트라이메틸아민

보통 냄새를 표현할 때 '향기롭다'라고도 하고 '냄새나다'라고도 합니다. 좋은 냄새가 날 때는 '향기롭다', 불쾌감을 주는 냄새는 '냄새나다'라고 하지요. '냄새나다' 대신 '악취가 난다'라고도 합니다. 향기는 냄새보다 고급스러운 이미지를 줄 때 쓰는 듯합니다. '향수'라든지 '기품 있는 문화의 향기'처럼요.

냄새를 느끼는 이유는 코점막에 있는 **수용체 단백질**의 독특한 삼차원 구조에 화학 물질이 딱 달라붙기 때문입니다. 화학 결합은 아니므로 농도가 낮으면 화학 물질이 수용체로부터 떨어져 나가면서 냄새를 잘 못 맡게 됩니다. 향수에는 다양한 성분이 들어 있는데, 서로 휘발성이 다르면 향수를 뿌린 직후와 한 시간 뒤에 다른 향기가 납니다.

코로 후각을 느낀다는 말인즉슨 기체 상태의 화합물이 코까지 도달한다는 의미입니다. 가령 장어구이의 냄새는 구운 장어는 물론, 양념처럼 표면에 발린 휘발성 화합물(한 종류가 아닐 수도 있음)이 열에 의해 증발하면서 나는 냄새일 뿐 음식 전체의 냄새가 아니라고 보는 편이 타당합니다.

분자의 화학 구조와 냄새 사이에는 확실한 관계가 존재하지 않습니다. 뭉뚱그려서 말하면 **황**(S)이 포함된 화합물은 악취가 매우 심합니다. 대표적으로 **에테인싸이올**이 있는데, 말 그대로 '코가 삐뚤어질' 만큼 심한 악취가 납니다. 그래도 상상이 가지 않을 분들이 많겠지요. 냄새를 정의하는 말이 없어서 '~같은 냄새'라는 표현이 확보할 뿐입니다.

에테인싸이올의 냄새는 정말 고약합니다. 시험 삼아 맡아볼 생각은 절대 하지 말길 바랍니다. 에테인싸이올의 황을 효소로 치환해서 만드는 **에탄올**은 주사하기 전 팔에 소독할 때 바릅니다. 약간 코끝은 찡해도 악취는 나지 않지요. 알코올음료의 냄새는 에탄올 자체의 냄새는 아니지만, 기본적으로 에탄올입니다. 만약 에탄올과 에테인싸이올의 냄새가 서로 반대였다면, 마시고 기분이 좋아진다는 사실을 알았더라도 인류는 알코올음료를 즐겨 마시지 않았을지도 모릅니다.

그런데 악취의 대표 주자인 에테인싸이올의 친구 중 인류에게 유익한 물질도 있습니다. 가스가 새면서 불완전 연소하면 일산화탄소가 발생하여 가스 중독에 걸립니다. 도시가스 자체는 원래 냄새가 없지만, 황 때문에 엄청난 악취를 풍기는 에테인싸이올의 친구 화합물을 일부러 미량 섞은 덕에 가스가 새면 악취를 맡고 금방 눈치챌 수 있게 만들었습니다. 가스가 새지 않고 연소하면 연료 가스가 연소했을 때와 마찬가지로 극미량의 황산화물이 이산

화탄소와 물로 바뀝니다.

냄새가 강한 물질의 화학식

CH_3CH_2SH	CH_3CH_2OH	NH_3
에테인싸이올	에탄올	암모니아

질소(N)가 들어 있는 휘발성 화합물 중에도 악취가 나는 물질이 많습니다. 생선이나 고기가 부패했을 때 나는 악취의 성분은 단백질이 분해되면서 만들어지는 **암모니아**와 **트라이메틸아민**입니다.

향기로운 화합물 중 일상에서 가장 대중적인 물질은 **멘톨**이 아닐까요. 치약, 진통제, 박하사탕, 껌 등 여러 기호 식품과 생활용품에 들어 있는 성분입니다. 화학식이 같고 메틸기(CH_3)의 방향만 다른 **아이소멘톨**은 악취까지는 아니더라도 코를 찌르는 향 때문에 향료로 쓰이지 않습니다.

메틸기(CH_3)의 방향이 달라지면 냄새가 달라진다

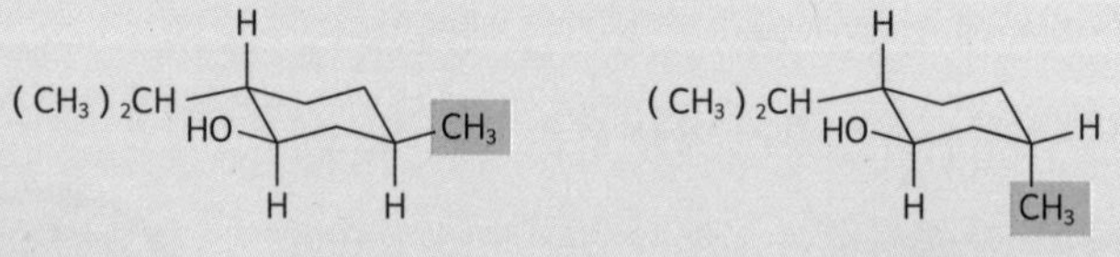

멘톨　　　　이소멘톨

66 시각의 원리

Keyword 시각 간상세포 원추세포 비타민 A 로돕신 알데하이드 폼알데하이드

시각에 관여하는 세포는 망막에 있는 간상세포와 원추세포입니다. **간상세포**는 빛을 감지하는 세포로, 망막에 1억 2천~1억 4천 개가 있습니다. 간상세포에는 비타민 A로 간단하게 만들어지는 **레티날**이라는 물질, 그리고 **옵신**이라는 단백질이 들어 있습니다. 어두운 곳에서는 이 두 종류의 화합물이 결합해서 로돕신이라는 물질이 됩니다. 이 결합은 냄새나 맛을 느낄 때와 마찬가지로 화학 결합이 아니라, 레티날이 단백질에 둘러싸인 형태입니다. 빛을 감지하면 레티날 분자의 형태가 변화하여 단백질에 둘러싸인 형태를 더 유지할 수 없게 되어 옵신에서 분리됩니다. 분리와 함께 일어나는 에너지 변화가 뇌로 전달되면서 우리는 빛을 느낍니다. 분리된 레티날 분자는 **이성질화 효소**Isomerase의 작용으로 금세 원래대로 돌아가 다시 옵신과 결합합니다. 분리되어야 할 복합체가 없어지지 않고, 밝을 때는 결합과 분리를 반복하면서 빛을 느낍니다.

눈이 보이는 원리

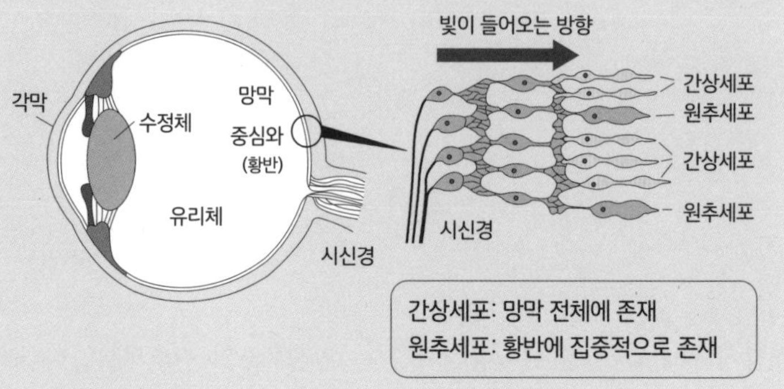

원추세포는 색을 식별하는 세포로, 500만~600만 개가 있습니다. 간상세포와 마찬가지로 레티날을 가지고 있지만, 레티날을 둘러싸는 단백질은 세 종류이며 각각 구성하는 아미노산의 종류가 조금씩 다릅니다. 이 차이에 따라 저마다 파란색, 초록색, 빨간색 가시광선을 흡수할 때 색을 식별합니다. 삼원색을 감지하므로 이 색들을 섞어서 만드는 모든 가시광선 색을 식별할 수 있습니다. 가시광선 파장의 빛 에너지로 발생하는 레티날과 단백질의 반응은 빛을 감지할 때와 같은 반응입니다. 간상세포와 원추세포가 받은 자극이 이렇게 뇌로 전달되면서 우리는 물체의 형태와 색을 인식합니다. 그러나 색의 차이를 식별하는 원추세포는 간상세포보다 수가 적고 감도도 낮으므로 어두운 곳에 가면 형태는 알아볼 수 있어도 색은 구분할 수 없습니다.

비타민 A는 레티날의 오른쪽 끝에 달린 $-CH=O$ 부분이 $-CH_2OH$

로 바뀐 화합물로, 화학적으로는 알코올의 일종입니다. 일반적으로 알코올을 -CH=O 형태의 화합물인 **알데하이드**로 바꾸는 효소는 **알코올 탈수소효소**Alcohol dehydrogenase입니다. 이 효소가 망막에 있는 비타민 A를 레티날로 바꿉니다. 메탄올(CH_3OH)이 몸 안에 들어오면 이 효소의 작용으로 **폼알데하이드**(CH_2=O, 광화학 스모그의 원인 물질 중 하나)라는 굉장히 반응성이 큰 화합물이 만들어지며, 최악의 경우 실명할 위험성도 있습니다.

로돕신의 분리

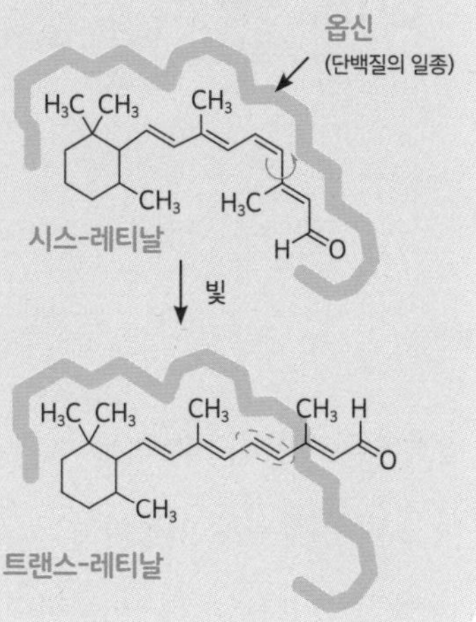

비타민 A는 비타민 A 두 분자가 연결된 베타카로틴이라는 물질로 만듭니다. 베타카로틴은 호박, 당근 같은 유색 채소에 들어 있으므로 건강한 시력을 유지하려면 이러한 채소를 먹는 것이 중요합니다.

폼알데하이드의 생성

$$CH_3OH \longrightarrow H_2C=O$$

67 내장 구이는 정말 몸에 좋을까?

Keyword 호르몬 내분비샘 인슐린 성장 호르몬 성 호르몬 지베렐린 에틸렌

호르몬은 생물이 **내분비샘**이라는 기관에서 만드는 화학 물질로, 피를 타고 다른 부위로 이동하여 그 부위에서 특정 생리 활동을 하게 만드는 물질입니다. 인간뿐만 아니라 동물과 식물도 저마다 호르몬을 만들어 내며, 극히 적은 양으로도 강하게 작용합니다.

사람의 호르몬 중 **인슐린**이라는 호르몬이 있습니다. 췌장의 랑게르한스섬이라는 부위에서 합성되며 아미노산이 51개 연결된 형태의 화합물입니다. 지방 조직과 골격근 세포에 작용하여 혈액 속의 **포도당**을 세포로 흡수하도록 만듭니다. 혈당치를 낮추는 동시에 세포가 포도당을 쓰도록 만드는 중요한 호르몬입니다. 혈중 포도당 농도가 일정 수치를 넘으면 단백질과 반응하여 건강에 부정적 영향을 끼칩니다. 구체적으로는 당뇨병성 신경증, 망막증, 신장 질환 등 여러 만성 질환의 원인이 됩니다. 그 결과 신장 기능이 떨어져 인슐린이 부족해진 사람은 항상 인슐린을 외부에서 보급해야 합니다.

성장 호르몬도 중요한 호르몬입니다. 뇌하수체에서 합성되어 표

적 기관에 작용하며 인슐린보다 훨씬 많은 191개의 아미노산으로 이루어진 화합물입니다. 뼈와 근육에 작용하여 성장을 자극하고 당, 단백질, 지방의 대사를 돕는 등 굉장히 합리적으로 작용하는 호르몬입니다. 자는 동안 뇌에서 분비되고 운동으로 몸에 부하를 가했을 때도 분비량이 많아집니다. 성장기 아이들이 잘 자고 운동을 열심히 해야 하는 이유가 이 때문입니다.

인간을 비롯한 동물의 암수 차이는 유전자에 따라 결정되는데, 기능과 외형에는 **성 호르몬**이 깊게 관여합니다. 체격이 우람한 체형은 남성 호르몬이 작용한 결과이고 유방의 성장은 여성 호르몬이 관장하는 부분입니다. 머리카락은 여성 호르몬의 지배를, 수염은 남성 호르몬의 지배를 받습니다. 남성이든 여성이든 두 호르몬이 모두 분비되므로 균형이 중요합니다. 화합물의 구조를 보면 두 호르몬 모두 스테로이드 골격이 있습니다.

식물도 다양한 호르몬을 분비합니다. 호르몬을 많이 함유하고 있

스테로이드 골격이 있는 성 호르몬의 구조

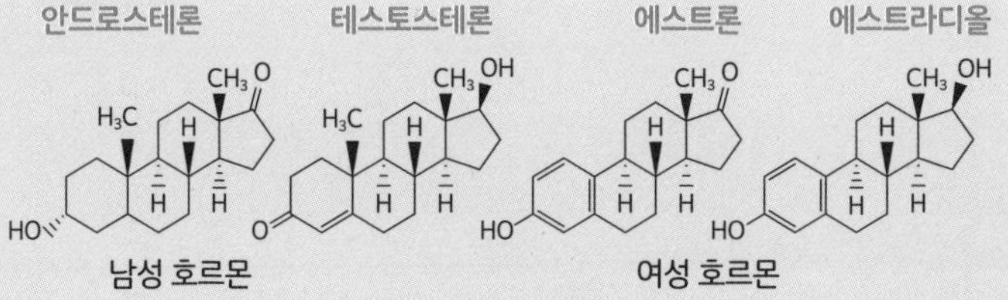

으리라고 생각한 종을 연구한 결과, 죽순에서 식물의 성장 호르몬을 분리할 수 있었습니다. 이 호르몬은 **지베렐린**이라는 화합물인데요. 이를 두고 재미있는 생각을 한 사람이 있었습니다. 다 자라지 않은 포도 열매를 지베렐린 수용액에 담근 것입니다. 열매가 자라기를 기대했겠지만, 만들어진 것은 무려 씨 없는 포도였습니다!

과일이 더 빠르게 익도록 자극하는 호르몬 역시 흥미롭습니다. 바로 화학 공업의 바탕을 이루는 물질인 **에틸렌**으로, 구조가 매우 단순하지요(37 참조). 이렇게 구조가 단순한 화합물이 호르몬으로 작용한다니 놀라운 일입니다. 사과를 시장에 판매하기 전, 산지에서 도심으로 운반하는 트럭 안에서 에틸렌으로 사과를 숙성시켜 더 맛있게 만듭니다.

내장 구이를 일본에서는 '호르몬'이라고 합니다. 호르몬 물질은 구워 먹을 수 있을 만큼 대량으로 얻을 수 없습니다. 내장 구이를 호르몬이라고 부르는 데에는 여러 설이 있지만, 내장을 구워 먹으면 호르몬이 한껏 분비되어 기운을 차리게 된다는 의미가 담겨 있지 않을까요?

68 페로몬을 내뿜는 인간이 있을까?

Keyword 페로몬 집합 페로몬 성 페로몬 경보 페로몬 길잡이 페로몬

페로몬은 곤충과 동물이 몸 안에서 합성해서 몸 밖으로 방출하는 물질로, **생리 활동을 활성화하는 화합물**입니다. 같은 종만 활성화하며 언어나 울음소리를 대신하는 소통 수단입니다. 상대에게 어떤 행동을 하게 만드느냐에 따라서 여러 종류로 나뉩니다. 페로몬의 종류와 상관없이 농도가 극히 희박해도 효과가 나타난다는 특징이 있습니다.

집합 페로몬은 암수 관계없이 같은 종의 개체를 한데 모읍니다. 군집을 형성하고 유지하는 데 필요한 페로몬입니다. 먹잇감으로 삼은 나무를 발견한 개체가 이 페로몬을 내뿜으면 특정 범위 내에 있는 다른 개체들이 이를 감지하고, 페로몬의 농도가 높은 곳으로 이동하여 나무에 도달합니다. 새로 도달한 개체들도 집합 페로몬을 내뿜으면 한 마리가 내뿜었을 때보다 페로몬의 양이 많아지므로 유효 농도의 페로몬이 더 멀리까지 도달하여 더 많은 개체를 모읍니다. 이런 식으로 페로몬이 일단 방출되면 효과는 지수함수적으로 커집니다.

성 페로몬은 여러 곤충에서 광범위하게 발견되며, 일반적으로 암

컷이 페로몬을 뿜어 수컷을 매혹합니다. 페로몬으로 맺어진 한 쌍은 짝짓기로 자손을 남길 수 있습니다. 같은 종의 수컷만 매혹하도록 종마다 다른 화합물을 사용합니다.

경보 페로몬은 꿀벌과 흰개미처럼 집단으로 생활하는 곤충에게 발견되는 페로몬으로, 일부 개체가 위험을 감지했을 때 내뿜습니다. 집단 전체가 경계 태세를 취하거나 도망치도록 만듭니다.

길잡이 페로몬의 효과는 여러분도 보셨을지 모릅니다. 집단으로 생활하는 곤충에게 발견되는 페로몬으로, 개미가 줄지어 이동하는 이유도 길잡이 페로몬의 효과 때문입니다. 개미는 둥지에서 나와 먹이를 찾으러 여기저기 돌아다닙니다. 어쩌다 운 좋게 먹이를 찾은 개미는 일부를 떼어 둥지까지 운반하는데, 돌아가는 길에 길잡이 페로몬을 내뿜습니다. 그러면 근처를 돌아다니던 개미들이 페로몬에 반응해서 둥지와 먹이를 잇는 경로에 도달합니다. 둥지 반대 방향으로 페로몬을 추적하면 어렵지 않게 먹이를 찾을 수 있지요. 이 개체도 먹이를 둥지로 옮기는 경로에 같은 페로몬을 내뿜으면 페로몬 농도가 점점 높아지고, 이윽고 개미들은 둥지와 먹이 사이를 일직선으로 왕복할 수 있게 됩니다. 개미들이 한 줄로 이동하는 데에는 이러한 원리가 숨어 있습니다.

공기 중으로 페로몬을 내뿜는 양은 극히 소량에 불과해서 화학 구조를 밝힐 수 있을 만큼 시료를 넉넉하게 모으기는 굉장히 어렵지만, 구조가 밝혀진 페로몬도 일부 있습니다. 그리고 구조를 밝힌 덕분에 화학 합성으로 페로몬을 만들 수 있게 되었습니다. 연구 초기에는 특정 화합물의 구조를 가정하고, 그 화합물이 페로몬 효과를 보이면 올바른 구조임이 증명되었습니다. 대량(이라고 해도 그램 단위면 충분하지만) 합성이 가능해지면 해충을 물리거나 퇴치하는 수단으로도 집합 페로몬을 쓸 수 있습니다.

인간도 성 페로몬을 가지고 있을까에 관한 연구가 진행 중이지만, 지금으로서는 전망이 매우 부정적입니다. 사람은 언어가 있으므로 편지로 사랑을 전할 수도 있고, 다 같이 의논을 통해 힘을 합쳐 좋은 사회를 만들 수도 있습니다.

풍뎅이의 다양한 성 페로몬

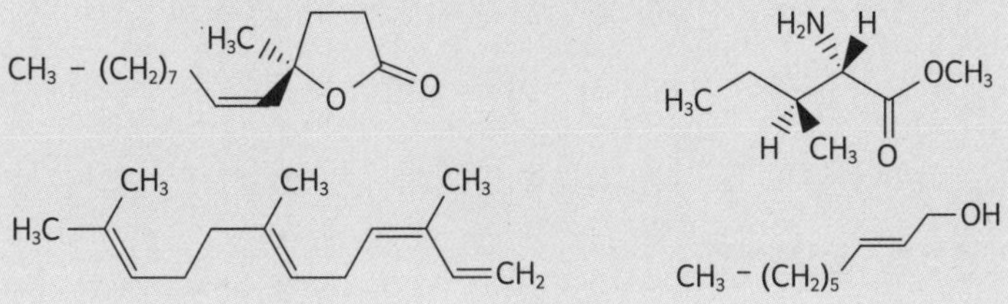

69

우리 몸을 지키는 면역 체계

Keyword 면역 항원 항체 백신 혈청
항원-항체 반응

어렸을 때 한 번 홍역에 걸린 사람은 크면서 두 번 다시 홍역에 걸리지 않습니다. 이를 두고 '**면역이 생겼다**'라고 합니다. 그렇다면 면역은 무엇일까요? 원리가 굉장히 복잡하지만, 간단히 말하면 **세균**이나 **바이러스** 같은 침입자(**항원**)와 맞서 싸우는 세포(백혈구, NK 세포, 대식세포 등) 혹은 **항체**(화학적으로는 단백질)를 만드는 세포가 일으키는 반응입니다. 학문을 따지면 화학의 범주는 아니지만, 우리의 근육을 만드는 단백질이라는 화학 물질이 또 다른 기능을 발휘해서 일어나는 현상입니다. 잠깐 옆길로 빠져볼까요.

질병에 걸리기 전에 질병의 원인인 병원균과 맞서 싸우는 **면역 체계**를 구축해서 병을 앓지 않도록 예방하는 방법이 **백신**입니다. 병원균을 그대로 이용하는 대신 독성을 약화하고 비활성화해서 인체에 주입하면 병원균에 대한 저항력을 키울 수 있습니다. 이 방법을 최초로 개발한 사람은 18세기 후반 영국의 의사 **에드워드 제너**Edward Jenner입니다. 제너는 소가 걸리는 천연두, 우두가 사람에게 심하게 나타나지 않는다는 사실을 발견하고 **백신**에 응용했습니다. 그 결과 인류는 천연두로부터 해방되었습니다.

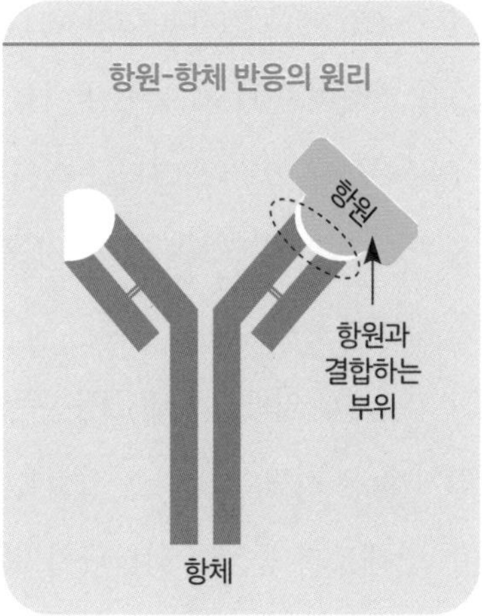

일본의 의학자 **기타자토 시바사부로**는 로베르트 코흐Robert Koch의 연구실에서 유학하던 도중 파상풍과 디프테리아에 효과적인 **혈청** 요법을 확립했습니다. 디프테리아 연구는 동료였던 에밀 폰 베링Emil von Behring과 공동으로 진행했습니다. 당시에는 왜 그런지에 관한 해답은 밝히지 못한 채 '몸속에 항독소가 만들어졌다'라는 사실만 막연하게 알아냈을 뿐입니다. 현대식으로 표현하자면 건강한 토끼의 몸 안에 약화한 병원균을 항원으로 주입하여 항체를 만들었고, 이를 질병 치료에 사용했습니다. 19세기 말의 일입니다. 베링은 초대 노벨 생리·의학상을 받았고, 기타자토는 최종 후보까지 올라갔으나 수상자로 선정되지는 못했습니다.

항원-항체 반응은 척추동물이 스스로 몸을 지키는 작용입니다. 침입자의 구조를 예측해서 미리 대비할 수는 없기에 항체를 만드는 세포는 항체 유전자의 조합을 바꿈으로써 다양한 항체를 만듭니다. **항체**는 그림처럼 Y자 형태로 끝부분이 항원을 잡을 수 있는 구조입니다.

감기에 걸렸을 때 열이 나는 이유는 면역 세포가 감기 바이러스와 싸우기 때문입니다(54 참조). 그동안은 안정을 취하며 면역 체계가 잘 싸울 수 있도록 몸을 쉬어야 합니다. 그리고 베인 상처가 곪을 때도 있는데, 고름은 면역 세포와 감염균이 싸워서 생긴 결과입니다.

꽃가루 알레르기로 고통받는 사람과 그렇지 않은 사람이 있다는 사실을 아실 테지요. 알레르기 증상이 나타나지 않는 사람은 꽃가루와 접촉해도 해로운 침입자가 들어왔다고 몸이 인식하지 않기 때문에 항체가 만들어지지 않습니다. 반대로 꽃가루를 침입자라고 인식하는 사람의 몸에서는 항체가 만들어져 꽃가루와 싸우는데, 항원-항체 복합체가 비만 세포에 결합하여 **히스타민**을 만듭니다. 히스타민이 **수용체**에 결합하여 콧물과 재채기가 나오는 현상이 알레르기입니다(54 참조).

에드워드 제너(1749~1823)

기타자토 시바사부로
(1853~1931)

비타민의 발견: 각기병 논쟁

일본에서 각기병은 에도 시대부터 사람들을 괴롭혀온 난치병입니다. 원인을 살펴보면 현미를 먹던 시기에서 백미가 주식으로 바뀐 시기와 일치합니다.

1885년, 도쿄대학 의학부 교수인 오가타 마사노리緒方正規는 각기병의 원인인 각기균을 발견했다고 논문을 써냈습니다. 그러나 독일에서 유학 중이던 기타 자토는 실험의 오류를 지적하면서 오가타와 날카롭게 대립했습니다. 당시 육군 군의관 책임자였던 모리 린타로森林太郎도 오가타의 세균설을 지지하며 육군에게 흰밥 중심 식사를 지급했지만, 결과적으로는 잘못된 판단이었습니다. 모리 린타로, 아니 일본의 저명한 문호 모리 오가이森鷗外도 의학계에서는 좋은 평판을 얻지는 못했습니다.

한편 해군 군의관이었던 다카기 가네히로高木兼寛는 보리밥과 흰밥 식사의 대조 실험으로 영양이 편중된 식사가 각기병의 원인이라고 추정했고, 해군은 병사들에게 보리밥과 현미밥 중심의 식사를 지급했습니다. 그 결과, 각기병으로 인한 해군의 사망자가 육군보다 현저히 적었음이 여실히 드러나면서 다카기의 추론과 방침이 입증되었습니다.

농화학자 스즈키 우메타로는 이 결과를 토대로 쌀겨에 각기병을 예방하는 성분이 들어 있으리라고 생각했고, 그 물질을 추출하는 데 성공했습니다. 쌀겨에 필수 영양소가 들어 있다는 내용으로 스즈키가 논문을 발표한 연도는 1911년, 영양학자 가가와 쇼조香川昇三가 순수한 결정으로 만든 연도는 1932년이니 실제로 결정화하기까지는 오랜 시간이 필요했습니다. 이 물질은 오리자닌이라는 이름으로 일본에 시판되었지만, 세계적으로는 영어명인 비타민 B_1(63 참조)으로 알려졌습니다.

제14장

첨단 기술과 화학

70 지구와 지갑을 위한 빛: LED

Keyword 전기 백열전구 필라멘트 전기 저항 텅스텐 LED
발광 다이오드 빛의 삼원색 질화갈륨 청색 발광 다이오드

우리 주변에는 빛나는 물건이 많습니다. 전구, 텔레비전, 스마트폰 화면, 손전등 등 빛나는 도구는 이제 생활필수품이 되었습니다. 어둠을 비추는 빛이 없으면 우리는 쾌적하게 살 수 없지요. 우주에서 지구를 내려다보면 밤에도 선명하게 빛나는 땅을 볼 수 있습니다.

지금으로부터 150년 전쯤에는 조명으로 양초와 램프를 사용했습니다. 인류가 **전기**라는 새로운 에너지를 손에 넣은 뒤, **조지프 스완**Joseph Swan과 **토머스 에디슨**Thomas Edison이 **백열전구**를 발명했습니다. 백열전구는 고온에서 빛나는 성질이 있는데, 전기가 흐르면 전자(03 참조)가 **필라멘트**를 구성하는 원자와 충돌하여 생기는 마찰(**전기 저항**)로 열이 발생한 결과 빛이 납니다. 간단한 장치로도 이 원리를 구현할 수 있어서 백 년도 더 전부터 쓰였지만, 빛 에너지뿐만 아니라 열도 발생하는 탓에 굉장히 효율이 나쁜 방식이었습니다(59 참조). 게다가 필라멘트는 온도가 높아지면 곧바로 타버렸기에 전구의 수명이 짧다는 단점도 있었습니다. 에디슨의 필라멘트는 대나무로 만든 것이었지만, 이

후 고온에서도 잘 녹지 않는 금속인 **텅스텐**(W)을 이용하면서 수명이 늘어났습니다.

현재는 새로운 원리를 획기적으로 응용한 조명인 **LED**Light-emitting diode(**발광 다이오드**)가 실용화되었습니다. 간단히 설명하면 전자가 과잉인 물질(n형)과 부족한 물질(p형) 사이에 전압을 걸어서 들뜬 상태의 전자를 n형에서 p형으로 보냅니다. 들뜬 상태의 전자가 양전하의 구멍(정공hole)으로 들어가 안정화될 때 방출되는 에너지가 빛으로 바뀌는 원리입니다.

2014년, **청색 LED**의 발명 및 실용화에 공헌한 **아카사키 이사무**赤崎勇, **아마노 히로시**天野浩, **나카무라 슈지**中村修二가 노벨 물리학상을 받았습니다. **빛의 삼원색**, 즉 빨강, 초록, 파랑 중 가장 개발하기 어려운 청색광을 LED로 구현하는 데 성공했기 때문입니다. **질화갈륨**(GaN)이라는, 질소와 금속 갈륨을 조합한 다이오드(전하가 한 방향으로만 흐르는 물질)를 만들 수 있다면 청색광을 만들 수 있다는 이론적 예상은 나왔으나 이 두 물질을 조합한 화합물을 실제로 합성하기는 굉장히 어려웠습니다.

아카사키 이사무
(1929~2021)

아마노 히로시
(1960~)

나카무라 슈지
(1954~)

아카사키가 이에 도전했고, 40년 넘게 연구한 끝에 아마노와 공동으로 합성하는 데 성공했습니다. 그리고 나카무라가 실제 제품을 만드는 제조법을 개발하면서 **청색 발광 다이오드**를 세상에 선보일 수 있게 되었습니다. 삼원색의 다이오드가 모이면 이를 조합하여 백색광을 비롯하여 모든 색을 구현할 수 있습니다.

이후 도쿄의 거의 모든 신호등이 전구에서 LED 신호로 교체되었습니다. 수명이 전구의 약 열 배이므로 6~8년은 사용할 수 있습니다. 소비 전력 역시 전구의 약 6분의 1로 절감할 수 있습니다. 전구보다 단가가 비싸지만, 전기세가 싸서 결과적으로 살림의 부담을 덜어주는 빛입니다. 디지털 정보 통신 회사에서 LED의 비중이 점점 커지고 있는데, 에너지 절약, 자원 절약, 이산화탄소 배출 감축 등 지구의 부담을 덜어주는 빛이기도 합니다.

LED의 원리

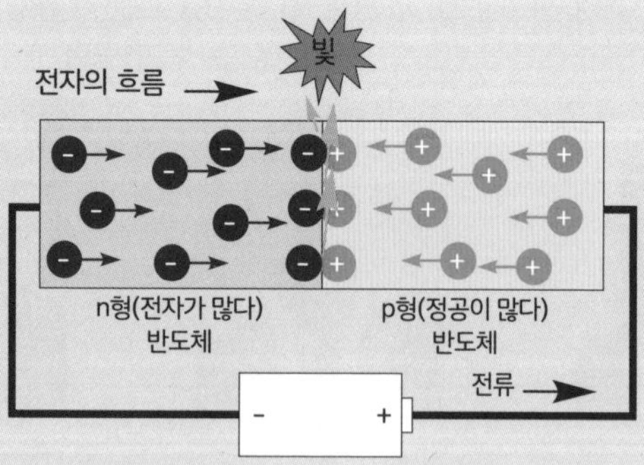

71 빛나는 벽: 커브드 TV

Keyword **OLED OLED 디스플레이 OLED 조명 발광 분자**

해적이 지도를 보고 목적지를 정한 다음 지도를 돌돌 말아서 통에 집어넣는 장면, 영화에서 본 적 없으신가요? 그런 식으로 돌돌 말 수 있는 텔레비전이 만들어진다면 어떨까요? 1900년대의 텔레비전은 브라운관이라는 무겁고 각진 상자였습니다. 이후 20에서 다룬 LCD 텔레비전이 나오면서 두께가 눈에 띄게 얇아졌습니다. 그리고 더 얇게 만든 **유기 EL**Electroluminescence(전계 발광) **텔레비전**이 출시되었습니다. EL은 전압을 걸면 발광하는 현상으로, 이를 위해 유기 화합물을 사용한 기술이 유기 EL, 즉 **OLED**Organic light-emitting diode(유기 발광 다이오드)입니다.

저는 2005년 미국 코넬대학교를 방문했을 때 정보 계열 연구실을 견학한 적이 있습니다. 그 많은 컴퓨터의 모니터가 전부 브라운관이었습니다. 당시 제가 재직 중이던 대학에서는 이미 얇은 디스플레이를 학생용으로 강의실에 비치했지요. LCD의 보급에는 일본이 크게 이바지했는데, 고품질·대화면 LCD 제조 기술을 보유한 국가는 당시에는

디스플레이가 얇고 넓은 OLED 텔레비전

일본이 유일했기 때문입니다.

LCD는 액정 자체가 빛나는 것이 아니라 뒷부분에서 빛이 나오는 백라이트Backlight가 필요합니다. 따라서 LCD를 얇게 만들기에는 한계가 있었습니다. OLED를 이용한 디스플레이는 스스로 발광하는 분자를 화면에 얇게 바르므로 원리적으로는 종이처럼 얇은 디스플레이를 만들 수도 있습니다.

발광 원리는 기본적으로 70에서 설명한 **LED**와 같습니다. 양극에 발광 분자가 들어갈 정공을 만들고, 음극에서 나온 전자가 정공에 들어가 안정되면서 빛이 나옵니다. 딱딱한 무기 화합물로 만든 반도체인 LED와 달리 OLED는 용매에 녹일 수도 있고 얇게 바를 수도 있는 유기 분자 또는 고분자를 이용했다는 특징 덕에 더 얇고 넓은 디스플레이를 만들 수 있습니다.

OLED 디스플레이는 LCD 디스플레이를 대체할 차세대 초박형 디스플레이로 2010년대부터 시장에 출시되었으며 스마트폰이 급격히 보급되면서 높아진 수요를 맞추고 있습니다. 미래에는 사람 주변을 180도 커버할 수 있는 서라운드 디스플레이나 접었다 폈다 할 수 있는 디스플레이도 나오지 않을까 기대합니다.

OLED는 면적이 크고 유연하다는 특징을 살려, 분위기가 중요한 인테리어 시장에서 유니크한 조명으로 새롭게 주목받고 있습니다. OLED 조명은 이미 LED 조명의 뒤를 쫓는 경쟁 상대로 실용화에 박차를 가하는 중입니다. 면 단위 발광, 제약 없는 형태, 투명함 등은 LED로 구현할 수 없는 특징인 만큼 OLED 조명이 LED를 넘어 보급될 가능성이 있습니다. OLED는 플라스틱 필름 같은 기판이 들어가 유연하게 구부러질 수도 있으므로 인쇄도 가능하리라고 기대됩니다. 기분에 따라 벽을 예술 작품처럼 빛나게 만들 수 있을지도 모릅니다.

발광 분자의 예시

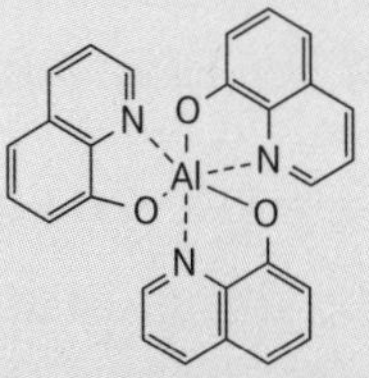

트리스(8-하이드록시퀴놀린) 알루미늄

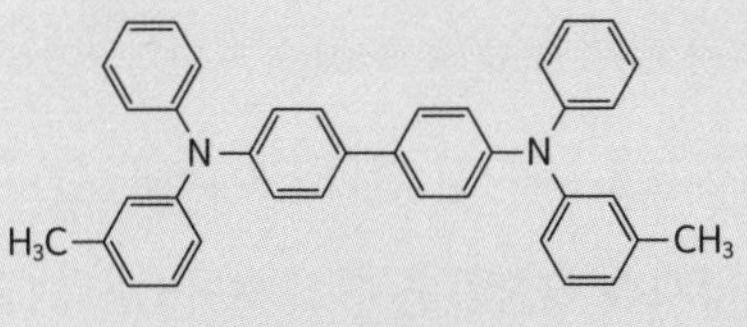

N,N'-다이페닐-N,N'-비스(3-메틸페닐)-1,1'-다이페닐-4,4'-다이아민

72

리튬 이온 전지

Keyword 전지 리튬 이온 전지 일차 전지 이차 전지 충전 탄소 소재

금속에는 전자를 내보내기 쉬운(양이온이 되기 쉬운) 금속이 있고, 그렇지 않은 금속이 있습니다. 전자인 금속과 후자인 양이온을 조합해서 구리선을 연결하면 전자는 금속(음극)에서 양이온(양극)으로 이동합니다. 간단히 말하면 이것이 전지의 원리입니다. 전자의 이동, 즉 전류를 따라 전기가 흐릅니다. 이 사이에 전기의 흐름으로 작동하는 조명이나 텔레비전을 연결하면 빛이 들어와 밝아지거나 화면을 볼 수 있지요. 다만 난해하게도 전자는 음극에서 양극으로 이동하지만 전류는 양극에서 음극으로 흐른다는 식으로 정의가 상반됩니다.

전자를 내보내기 쉬운 원소는 양이온이 되기 쉬운 금속 원소로, 주기율표로 따지면 왼쪽 위에 해당합니다. 가장 위에 있는 수소(H)는 원자 2개가 결합하면 수소 분자(H_2)가 되어 안정화되므로 양이온이 되기 쉬운 성질이 약해집니다. 그다음 후보는 리튬(Li)입니다. 리튬은 세 번째로 가벼운 원소이며 전자를 방출하는 성질이 매우 강한, 즉 **리튬 이온**(Li^+)이 되기 쉬운 금속이므로 가볍고 강한 **전지**로 활용하기 적합

요시노 아키라(1948~)

합니다. 하지만 반응성이 매우 높고 공기 중의 수증기와 닿으면 곧장 폭발하듯이 발화하므로 취급하기 매우 어렵습니다. 현재는 공기 중에서도 안정적인 금속을 조합하여 전지를 만듭니다.

리튬을 활용하면 가볍고 성능이 좋은 전지를 만들 수 있지만, 실용적인 전지를 만들려면 높은 허들을 넘어야 합니다. 한편 PC, 휴대폰, 디지털카메라, 휴대용 음악 플레이어 등의 전자 기기는 경이로운 발전을 이룬 끝에 가볍고 강력한 전지가 필요해졌습니다. 그로써 **리튬 이온 전지**의 실용화가 추진되었습니다. 일본에서는 여러 기업과 연구자들이 도전했고, 리튬 이온 전지를 안전하게 다루기 위해 경쟁한 끝에 실제로 다양한 전자 기기에 활용할 수 있게 되었습니다. 이 업적으로 일본의 화학자 **요시노 아키라**吉野彰, 미국의 물리학자 **존 구디너프**John Goodenough와 화학자 **스탠리 휘팅엄**Stanley Whittingham가 2019년에 노벨 화학상을 받았습니다.

전지는 크게 두 종류로 나뉩니다. **일차 전지**와 **이차 전지**지요. 음극에서 양극으로 전자가 이동하면 화학 물질이 변화하는데, 변화한 후 원래대로 되돌릴 수 없는 전지를 일차 전지라고 하며 건전지가 이에 해당합니다. 이차 전지는 전자가 이동하여 변화한 화학 물질을 다시 원래대로 되돌릴 수 있는 전지입니다. 이를 일반적으로 **충전**이라고 합니다. 다들 매일 하는 그 충전 말이지요.

전지를 구성하는 화학 물질에는 무엇이 있을까요? 양극은 전자를 받는 쪽으로, 기본적으로 리튬 이온(Li^+)을 가지는데 리튬산화코발트($LiCoO_2$), 리튬망가니즈산화물($LiMn_2O_4$), 리튬인산철($LiFePO_4$) 등으로 만듭니다. 한편 음극은 반드시 전자공여체(다른 화합물에 전자를 주는 화학 물질_옮긴이)여야 하므로 리튬 금속이 이상적이지만, 너무 불안정해서 쓸 수 없습니다. 일반적으로는 양극에서 만들어지는 리튬 금속을 받아들일 수 있는 **탄소 소재**(예: **흑연**)를 사용합니다. 이렇게 구성하면 리튬 금속 자체를 다루지 않고도 실용적인 리튬 이온 전지를 만들어 각종 전자 기기에 이용할 수 있습니다.

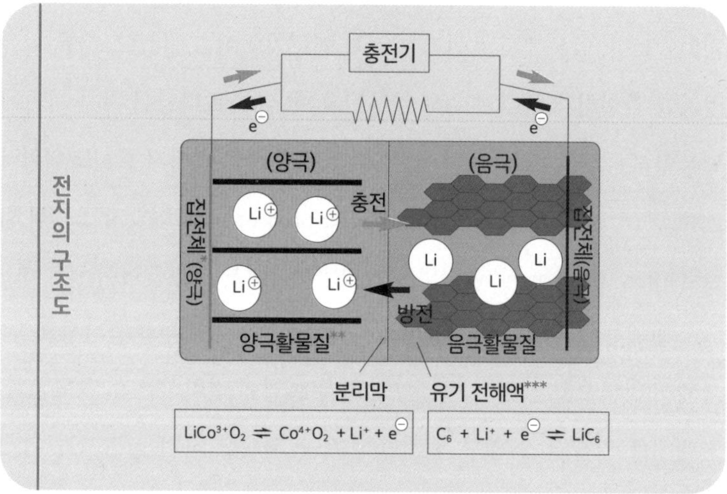

* 집전체: 전지 내부에 있는 얇은 막으로, 충·방전 시 전기 반응이 일어나도록 전자를 외부에서 활물질로 전달하거나 활물질에서 내보내는 역할을 담당한다.

** 활물질: 전지의 양극·음극과 반응하여 전기 에너지를 생산하는 활성 물질.

*** 전해액: 전지의 양극과 음극 사이에서 리튬 이온이 이동할 수 있도록 하는 매개체.

73 백금 반지가 사라진다고? 친환경 전지: 연료 전지

Keyword

수소 기체 화학 에너지 전기 에너지 연료 전지 연료 전지 자동차 백금 촉매

가장 단순하고 가벼운 물질로 알려진 **수소 기체**와 공기 중에 있는 **산소 기체**를 적당한 비율로 혼합한 산수소 혼합 기체Oxyhydrogen gas에 불을 붙이면 큰 소리를 내며 엄청난 폭발이 일어납니다. 이는 수소가 큰 **화학 에너지**를 가지고 있음을 보여주는 사례입니다. 이 화학 에너지를 **전기 에너지**로 추출하는 장치가 **연료 전지**입니다. 전지라도 금속 이온으로 변하기 쉬운 성질을 이용하여 전자를 움직이는 일반 전지와는 전혀 다릅니다. 물의 전기 분해의 역반응으로 전기 에너지를 추출하는 방식입니다. 전지의 원료인 산소 기체는 공기 중에 무한히 존재합니다. 수소 기체는 물로 만들 수 있고 지구에는 바다가 있으므로 수소 역시 무한합니다. 전기를 추출하면서 생기는 유일한 부산물은 물입니다. 풍부한 자원이 원료이고, 온실가스인 이산화탄소가 발생하지 않으므로 굉장히 친환경적인 전지입니다. 현재 스마트폰을 비롯한 여러 기기에 쓰이는 리튬 이온 전지와 비교하면 같은 무게일 때 이론적으로 열 배 이

상의 에너지를 얻을 수 있습니다. 가장 큰 문제는 수소를 어떻게 만드느냐입니다. 지금은 화석 연료를 소비해서 만드는 방법도 있지만, 태양 에너지를 활용해서 물에서 수소를 만드는 방법을 개발하는 것이 최종적인 목적입니다.

수소 충전 중인 연료 전지 자동차(FCV)

연료 전지의 역사는 지금으로부터 50년도 더 전부터 사용했을 만큼 오래되었습니다. 우주로 향하는 로켓에도 탑재되었습니다. 부산물로 물밖에 만들어지지 않는 청정 에너지원이라는 이유로 연료 전지는 우주선에서 사용할 전력 공급원으로 주목받았습니다.

1965년 미국에서 발사한 **제미니 3호**에는 지상과의 통신 및 컴퓨터 전원용으로 연료 전지가 탑재되었습니다. 당시에는 만들어지는 물을 식수로 이용할 계획도 세웠지만, 예상대로 되지 않았지요. 이후에도 달로 향하는 **우주선**과 **우주왕복선**에 연료 전지가 탑재되었습니다.

연료 전지는 현재 자동차에 탑재될 수준까지 이르렀습니다. 이산화탄소를 배출하는 가솔린차를 대체하여 **연료 전지 자동차**Fuel Cell Vehicle, FCV를 개발하는 연구가 진행 중입니다. 맨 처음에는 한 대에 약 10억 3천만 원(연료 전지 비용이 10억 원, 차량이 3천만 원!)이었지만, 지금은 대략 고급 승용차 한 대 가격까지 내려왔습니다. 대중적으로 보급되지는 않았지만, 각국 정부는 가솔린차에서 전기 자동차로 넘어갈 시기를 구체적인 목표로 설정했습니다.

전 세계의 가솔린차는 약 10억 대 이상이라고 합니다. 이 차들을 전부 연료 전지가 탑재된 자동차로 바꿀 수 있다면 이산화탄소 배출 문제는 한 번에 해결됩니다. 그러나 큰 난관이 있습니다. 연료 전지를 효율적으로 사용하려면 **백금**(Pt)을 **촉매**로 써야 합니다. 안타깝지만 현재까지 개발된 연료 전지를 모든 자동차에 탑재하기는 불가능합니다. 이유는 간단합니다, 백금이 부족하기 때문입니다. 지구에 매장된 백금을 전부 채굴하고 사람들이 몸에 걸치고 다니는 백금 장식품을 전부 가져오더라도 물량을 맞출 수 없습니다. 백금 사용량을 줄이거나 백금 이외의 저렴한 금속을 촉매로 사용하기 위해 지금도 과학자들이 열심히 연구하고 있습니다.

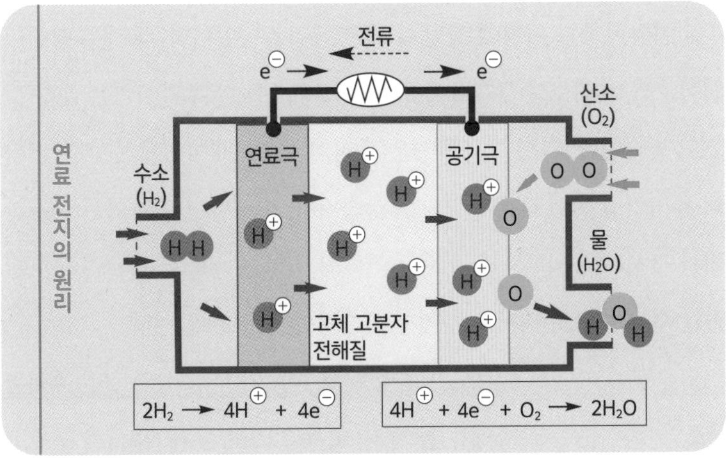

연료 전지의 원리

74

자태가 화려한 플라스틱의 여왕, 정보 통신을 책임지다

Keyword
플라스틱 아크릴 수지 에멀션 광섬유 플라스틱 광섬유

오랜 인류 역사 속에서 20세기 후반에 탄생한 **플라스틱**은 풍족한 생활에 빠질 수 없는 물질입니다. 현재 해양에 방류된 미세 플라스틱이 문제로 떠오르고 있습니다. 이는 잘못된 폐기 방법이 원인이므로 중합체 자체를 나쁘게 취급해서는 안 됩니다. 우리 생활에 쓰이는 다양한 플라스틱 중, 이 장에서는 플라스틱의 여왕으로 불리는 폴리메틸메타크릴레이트 일명 **아크릴 수지**를 소개합니다.

여왕이라는 이명에 걸맞게 예쁜 플라스틱입니다. 특히 투명성이 뛰어난데, 유리보다 투과율이 높아서 빛을 93%나 투과시키는 데다 강도도 높습니다. 가령 내충격성은 유리의 10~16배이며 설령 깨지더라도 유리처럼 산산조각이 나지는 않습니다. 비바람이나 자외선에도 강해서 장시간 옥외에서 사용해도 열화되지 않고 -40℃~60℃의 온도에 버틸 수 있으므로 지구 어디에서도 쓸 수 있는 소재입니다.

투명하고 예쁘고 강도가 높다는 특성을 가장 잘 살린 곳은 **수족관 수조**입니다. 큰 수조 중에는 높이 8.2m, 폭 22.5m, 두께 60cm인 수조도 있습니다. 기둥도 없는데 무려 7,500t이라는 수압에도 견딜 수 있으며, **아크릴 수지**로 만든 판 7장을 붙여서 60cm의 두께로 만들었는데도 투명성을 유지하는 수조입니다. 마치 흑해에서 우아하게 헤엄치는 것처럼 박력이 넘치는 거대 물고기도 볼 수 있고, 바닷속이라는 신비한 세계를 있는 그대로 체험할 수도 있습니다. 아크릴 수지는 엄청난 수압에 견딜 수 있으므로 심해 수색선의 창문에도 쓰입니다.

아크릴 수지를 조금 특이하게 사용한 사례로 붙였다 뗐다 할 수 있는 접착제가 있습니다. 모두가 아는 포스트잇의 접착 부분은 **아크릴 수지**의 **에멀션**Emulsion(**유화액** 한 액체가 다른 액체에 콜로이드 상태로 분산된 용액_옮긴이)입니다. 살짝 붙어 있어도 떨어지지 않지만 떼려고 하면 간단하게 뗄 수 있는 신기한 접착제입니다. 상품을 개발하기까지는 어려움이 따랐지만, 아크릴 수지를 유화액으로 만든 것이 성공의 비결이었다고 합니다.

현대 정보 사회에 고속 네트워크 통신은 필수입니다. 고음질 영상 같은 대용량 자료를 개개인의 단말기로 보내려면 예전처럼 전기가

아크릴 수지의 구조식

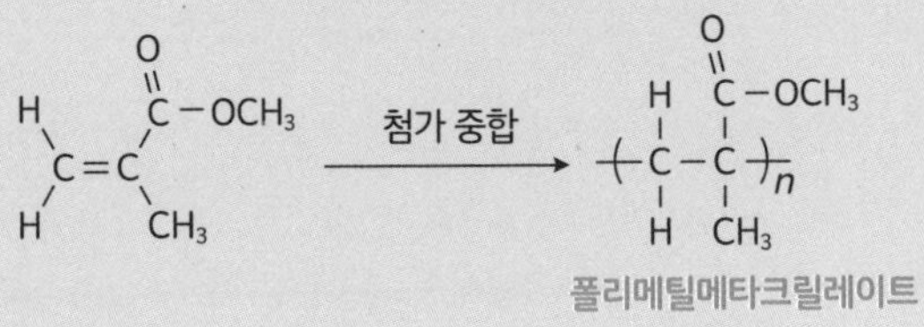

수족관의 수조를 청소하는 잠수부

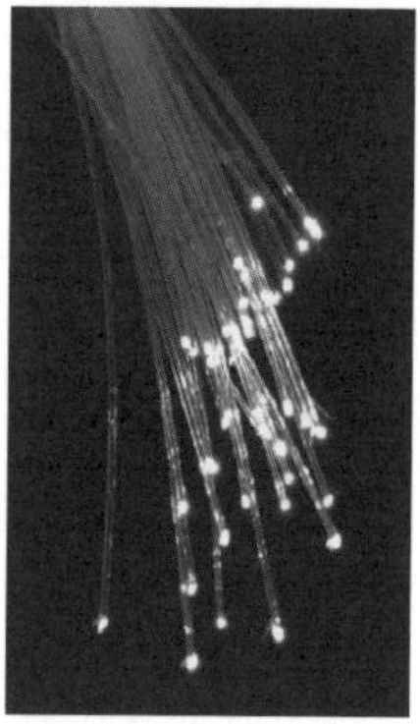

광섬유

아니라 빛을 전송하는 선, **광섬유**가 필요합니다. 정보를 대량으로 전송할 때 고속·대용량 광섬유가 꼭 있어야 합니다. 여기서도 아크릴 수지가 활약합니다. 투명해서 빛이 투과하기 쉬운데다 플라스틱이므로 전선처럼 가느다란 선을 간단하게 늘릴 수도 있습니다. 최근에는 플루오린 원자를 도입해서 더 투명하고 고성능인 광섬유가 개발되었습니다. 이 **플라스틱 광섬유**Plastic optic fiber, POF는 유리로 만든 광섬유보다 저렴하고 취급하기 쉬워 가정용 디지털 기기나 디지털 통신에 쓰입니다. 아크릴 수지는 현대의 정보화 사회에 없어서는 안 될 소재입니다.

75 덴드리머: 의약품 배달원

Keyword 중합체 덴드리머 약물 전달 시스템

플라스틱과 섬유는 일반적으로 **중합체**라는 긴 끈 형태입니다. 분기가 없는 일직선 형태의 중합체가 고품질입니다. 그러나 **도널드 토말리아** Donald Tomalia라는 미국의 화학자가 발상의 역전으로 끈 끝부분을 두 갈래로 나누고 다시 그 끝을 두 갈래로 나누는 과정을 반복하여 차례차례 분기한 중합체는 어떻게 될까 하는 생각을 떠올렸습니다. 그렇게 만들어진 분자는 여러 갈래로 가지를 뻗은 나무처럼 아름다운 형태였습니다. 분기한 형태의 고분자의 명칭은 일직선으로 뻗은 중합체Polymer와 짝을 이루어, 나무를 뜻하는 그리스어 '덴드론Dendron'에서 따온 이름인 **덴드리머**Dendrimer가 되었습니다. 애니메이션 속 악당으로 나올 법한 이름이지만, 차세대 신소재로 주목받는 물질입니다.

덴드리머를 평면에 그리면 그림 a처럼 되는데 실제로는 그림 b처럼 구형입니다. 중심에서 바깥을 향해 분기한 가지가 수없이 뻗어나가는데, 가지끼리 겹치지 않도록 나무처럼 입체적으로 둥글게 부푼 모양입니다. 가지가 적은 줄기 부분에는 빈 공간이 있고 바깥쪽으로 갈수

덴드리머의 이미지

a 평면 **b** 삼차원 **c** 나무

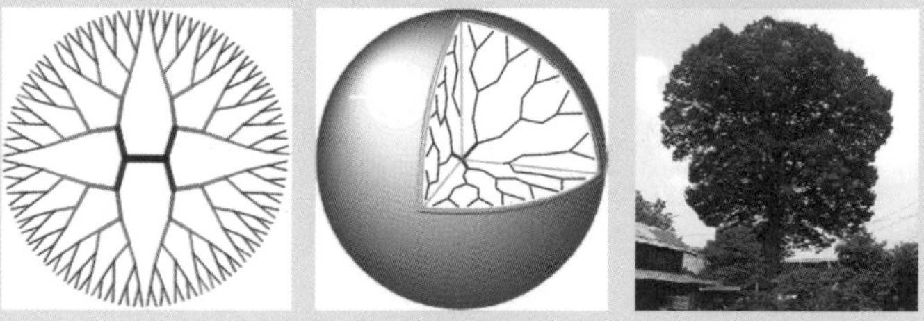

록 가지가 많아 중심부의 공간을 뒤덮은 형태입니다. 그러므로 덴드리머는 내부가 빈 캡슐처럼 기능합니다.

이 '캡슐'은 단순한 구조가 아닙니다. 나뭇가지가 바람에 흔들리면 줄기 쪽에 생긴 입구로 나비나 새가 나무 안을 자유롭게 들락날락할 수 있습니다(그림 c). 마찬가지로 덴드리머는 약물, 작은 금속 입자, 색소 등 여러 물질을 내부에 넣어 안정적으로 보호하고 필요할 때 꺼내어 사용할 수 있습니다. 따라서 불안정한 물질도 덴드리머를 이용하면 일반적으로 촉매나 약품으로 활용할 수 있습니다.

작은 금속 입자는 활성도가 매우 높은 촉매로 유명하지만, 크기가 너무 작아 불안정합니다. 하지만 덴드리머로 보호하면 안정적인 촉매로 작용하므로 유용한 물질을 다양하게 만들 수 있습니다.

한편 덴드리머는 새로운 유형의 약에도 이용할 수 있습니다. 복용한 약이 환부까지 도착해서 효과를 발휘하는 양은 일반적으로 복용

정확한 배달원 덴드리머

량의 100만분의 1 정도에 불과합니다. 도달하는 동안 약이 몸속에서 분해되거나 부작용을 일으킬 가능성도 있습니다. 이러한 결점을 개선한 기술이 바로 **약물 전달 시스템**Drug Delivery System, DDS입니다. 환부에 도달할 때까지 약을 안정적으로 보호하고, 환부에 도착하면 약을 방출하는 이상적인 시스템입니다. 덴드리머는 노린 사냥감을 놓치지 않는 영리한 사냥꾼입니다.

표면에서 특정 암 조직을 인식할 수 있도록 조작한 덴드리머 내부에 **항암제**를 넣어 투여하기도 합니다. 암 조직은 구성이 조잡하므로 덴드리머는 조직 안쪽까지 들어가 쌓입니다. 정상 조직과 환경이 다른 암 조직에 들어간 덴드리머의 표면이 열리면 항암제가 직접 암세포로 전달됩니다. 매우 효율적이면서 부작용이 적은 시스템으로 주목받고 있습니다.

참고문헌

1 《콤팩트 기본 유기화학》, 오타 히로미치 지음, 산쿄숏판(1998)

2 《쉽게 이해하는 생물유기화학》, 오타 히로미치 지음, 산쿄숏판(2010)

3 《유기합성화학(화학 신 시리즈)》, 오타 히로미치·스즈키 게이스케 지음, 쇼카보(2004)

4 《생물반응론》, 오타 히로미치 지음(1996)

5 《생물의 발광과 화학 발광(화학의 요점 시리즈 제35권)》, 일본화학회 엮음, 마쓰모토 마사카쓰 지음, 산쿄숏판(2019)

6 《굉장한 분자(고단샤 블루 백스)》, 사토 겐타로 지음, 고단샤 사이언티픽(2019)

7 《원소의 세계사》, 휴 앨더시 윌리엄스 지음, 김정혜 옮김, RHK(2013)

8 《화학, 일상에서 의표를 찌르는 질문(고단샤 블루 백스)》, 일본화학회 엮음, 고단샤 사이언티픽(2001)

9 《덴드리틱 고분자(고분자 기초 과학 One Point 3)》, 일본 분자학회 엮음, 가기모토 마사아키 편집, 산쿄숏판(2013)

10 《만화로 읽는 주기율표》, 사이토 가쓰히로 지음, 김소연 옮김, 장우동 감수, 해나무(2014)

11 《화학대도감(Newton 대도감 시리즈)》, 사쿠라이 히로무 감수, 뉴턴프레스(2020)

12 《원소대도감(Newton 대도감 시리즈)》, 사쿠라이 히로무 감수, 뉴턴프레스(2021)

13 《세상을 만드는 분자》, 시어도어 그레이 지음, 닉 만 사진, 꿈꾸는 과학 옮김, 전창림 감수, 다른(2015)

14 T. Otake, T. Taniguchi, Y. Furukawa, F. Kawamura, H. Nakazawa, T. Kakegawa., Astrobiology, 11 (8), 799(2011).

15 인터넷 사이트 "빛과 과학"　optica.cocolog-nifty.com/blog

16 《CSJ 커런트 리뷰 44 모빌리티용 전지의 화학》, 일본화학회 엮음, 가가쿠도진(2022)

색인

ㅅ

오늘도 화학
식품부터 최첨단 기술까지, 75가지 화학 이야기

초판 1쇄 발행 2023년 10월 30일
초판 2쇄 발행 2024년 6월 15일

지은이 오타 히로미치
옮긴이 정한뉘

펴낸이 김진규
경영지원 정동윤
책임편집 김민영

펴낸곳 (주)시프 | 출판등록 2021년 2월 15일(제2021-000035호)
주소 경기도 고양시 덕양구 권율대로668 티오피클래식 209-2호
전화 070-7576-1412
팩스 0303-3448-3388
이메일 seepbooks@naver.com

ISBN 979-11-92421-27-8 13430